Die Bedeutung Paul Tillichs für die kirchliche Praxis

Herausgegeben von Walter Schmidt

DIE BEDEUTUNG PAUL TILLICHS FÜR DIE KIRCHLICHE PRAXIS

Im Einvernehmen
mit der Evangelischen Akademie Baden
und der Paul-Tillich-Gesellschaft

herausgegeben von Walter Schmidt,
Medienreferent
der Paul-Tillich-Gesellschaft

EVANGELISCHES VERLAGSWERK STUTTGART

ISBN 3 7715 0171 7
Erschienen 1976 im Evangelischen Verlagswerk Stuttgart

Druck: J. F. Steinkopf KG, Stuttgart
Bindearbeiten: Großbuchbinderei Riethmüller, Stuttgart

INHALT

VORWORT

Man hat Paul Tillich einen „Denker auf der Grenze" genannt, und tat recht damit. Dem gedanklichen Stehen auf der Grenze entsprach Tillichs berufliches und geistiges Schicksal: er war sowohl Theologe wie Philosoph, als Christ zugleich religiöser Sozialist und mußte als europäischer Emigrant in Amerika leben. Aber dieser Grenzgänger war kein Überläufer, sondern als Grenzfall ein Glücksfall für Philosophie und Theologie, Kultur und Kirche. Tillich war ein wahrhaft ökumenischer Theologe, ein geachteter Sozialphilosoph, ein gesuchter Seelsorger mittels des Gedankens, ein politisch aktiver Mensch, aber auch und nicht zuletzt ein engagierter Prediger des Evangeliums.

Als Mensch auf der Grenze war Tillich aber eben damit in besonderem Maße zum Blick auf das Ganze ermächtigt. Von der Grenze her begriff er das Ganze, er war echter Theologe und eben kein enger „Fachtheologe". Diesem „Denker der Ganzheit" ging es von Anfang an um eine Konfrontation des christlichen Glaubens mit ihr. So hat Tillich die ganze Wirklichkeit zum Thema seines theologischen Nachdenkens gemacht. Da war nichts, was für ihn nicht zum Gegenstand der Theologie geworden wäre: Philosophie, Psychologie, Psychotherapie, Medizin, Literatur, Recht, Kunst, Musik, Architektur und vieles andere mehr.

Tillichs Theologie ist also zutiefst wirklichkeitsbezogen, empirische Theologie. Sie ist sehr praktisch, obwohl Tillich zuerst nach der Wahrheit und nicht nach der Verwertbarkeit seiner Theologie für die kirchliche Praxis fragte. Sie ist aber insofern praktisch, als sie immer wirklichkeitsbezogen ist und bleibt.

Es geht Tillich stets um die Gestaltung, die Verwirklichung des christlichen Glaubens, d. h. um seine Umsetzung in die Praxis. Tillichs Theologie bleibt bei aller theoretischen Abstraktion und vermeintlichen Spekulation immer auf die Erfahrung bezogen und in der Empirie verankert, war doch die Versöhnung von Erkenntnis und Verkündigung ihr ureigenstes Anliegen. Deshalb entwickelte Tillich eine Theologie des „gläubigen Realismus". Er wollte der Wirklichkeit treu bleiben, und damit der Erfahrung von Wirklichkeit und einer auf solche Wirklichkeitserfahrung gerichteten Reflexion. Er wollte glaubend denken und denkend glauben. Er wußte sich einer Wahrheit verpflichtet, die sowohl überzeugt wie heilt. Insofern können und dürfen von Tillichs „apologe-

tischer Theologie" praktische Hilfen und hilfreiche Wegweisungen gerade auch für die praktische kirchliche Arbeit erwartet werden.
Um diese Bedeutung Paul Tillichs für die kirchliche Praxis im weitesten Sinne ging es bei einer Tagung mit dem Thema „Die Bedeutung Paul Tillichs für die kirchliche Praxis", die vom 5. bis 7. Dezember 1975 in der Evangelischen Akademie Baden in Zusammenarbeit mit der Paul-Tillich-Gesellschaft e. V. im „Haus der Kirche" in Bad Herrenalb durchgeführt wurde und die nachstehend dokumentiert wird. Diese Tagung wollte an einigen Beispielen und Praxisfeldern deutlich machen, in welche Dimensionen des „Wirklichen" Paul Tillichs Theologie vorstößt. Wir haben diesen Versuch gewagt, weil uns Tillichs praktischer „Versuch der Verwirklichung" des christlichen Glaubens wert schien, einmal zum Gegenstand einer Akademietagung gemacht zu werden.
Deswegen kamen bei dieser Tagung lauter „Praktiker" in Pfarr- oder Dekanatsamt, in Akademie oder Schriftstellerei zu Wort. Ihnen sei herzlich gedankt, daß sie ihre Herrenalber Referate zum Druck überließen; gedankt sei ebenfalls dem Gastgeber und Mitgestalter dieser Tillich-Tagung, Herrn Akademiedirektor Pfarrer Willi Gegenheimer (Karlsruhe), mit dessen Zustimmung die nachstehenden Texte veröffentlicht werden. Sie sind zum Teil in der ursprünglichen Rede- bzw. Briefform bewußt erhalten geblieben, zum Teil wurden sie etwas überarbeitet. Wiedergegeben werden die Vorträge in der Reihenfolge, wie sie in Herrenalb gehalten wurden.
Wir haben uns zur Drucklegung der Herrenalber Texte nicht zuletzt deshalb entschlossen, weil wir überzeugt sind, daß Tillich die deutlichen, mehr aber noch die unausgesprochenen Anliegen des säkularen Menschen unserer Zeit in die Verantwortung von Kirche und Theologie unwiderruflich eingebracht hat. Er hat damit die jetzt vor uns liegenden Aufgaben unserer theologischen Arbeit wie kirchlichen Praxis verkörpert. Insofern ist Tillich nicht nur ein Grenzgänger zwischen Theorie und Praxis, sondern in der Tat ein Glücksfall für beide.
Wer zu den Quellen selbst vorstoßen will, der sei auf die letzten Seiten dieser Broschüre verwiesen, auf denen das vorliegende umfangreiche Werk Paul Tillichs in deutscher Sprache kurz dargestellt ist.

Stuttgart, Sommer 1976 Walter Schmidt

Helmut Elsässer

PAUL TILLICH UND DIE PSYCHOANALYSE

In eine Universitätsklinik wurde vor einiger Zeit ein Mann eingeliefert, der einen seelischen Zusammenbruch erlitten hatte. Beim Anfang seiner psychotherapeutischen Behandlung bringt er folgenden Traum mit:

„Ich befand mich auf einem schmalen Feldweg in der Einöde. Hinter mir lag eine Mauer, über deren Rand blühende Bäume schauten und das freundliche Dach eines sicheren Hauses emporragte. In die Mauer war ein eisernes Gitter eingelassen. Ich wandte mich um und sah, daß ich aus dem Land hinter der Mauer durch jenes Tor gekommen war. Jetzt konnte ich nicht mehr zurück. Ich mußte durch die Einöde weiterschreiten bis an einen Abgrund, der unermeßlich tief und mit schwarzen Schatten angefüllt war. Unten jedoch zuckten Feuer, ich erblickte Ungetüme, die ihre Rachen auftaten. Mir schauderte. Dann mußte ich hinabstürzen."

Wenn Sie mir zunächst einmal die Hypothese der Tiefenpsychologie abnehmen, daß Träume nicht nur Schäume sind, sondern daß im Traum unsere eigene unbewußte Psyche in symbolischer Sprache zu uns spricht und nicht nur unsere eigene persönliche Psyche, sondern auch die der Gruppe und Gesellschaft, der wir zugehören, dann dürfen wir diesen Traum so verstehen, daß er dem Träumer zu bedenken gab: Ich befinde mich auf dem schicksalhaften Weg heraus aus den schützenden Mauern geheiligter, bergender Traditionen. Das sichere Dach des freundlichen Hauses des Glaubens und der Kirche liegt hinter mir; das eiserne Gittertor, das ich heraus aus diesem blühenden Garten durchschritten habe, ist mir verschlossen. Ich muß durch die Einöde des Zweifels, des Infragegestelltwerdens durch Wissenschaft und Zeitgeist schreiten, aber vor mir sehe ich nur einen schaurigen Abgrund.
Wie so oft hat auch dieser Traum nicht nur Bedeutung für den Träumer selbst, sondern spiegelt zugleich die seelische Lage der menschlichen Gemeinschaft, zu der er gehört. Offensichtlich ringt unsere Generation mit dem Problem, ob der Glaube, die Religion, die Theologie, die Kirche, nicht blühende Gärten sind, die leider verlassen und nicht mehr

zugänglich sind und andererseits mit der Tatsache, daß wir auf dem Weg heraus aus diesen blühenden Gärten und bergenden Mauern einem unentrinnbaren Abgrund entgegengehen.

Angesichts dieser Geisteslage kann die Theologie und die kirchliche Verkündigung zwei Wege gehen: Sie kann sagen: „Kommt zurück unter das bergende Dach der Kirche und des Glaubens. Nehmt wieder in kindlichem Glauben an, was ihr preisgegeben habt.“ Allein, der Traum unseres Träumers läßt diese Lösung nicht zu. Denn erstens hat der Träumer das Gefühl, mit einer gewissen Zwangsläufigkeit und zugleich aus eigenem Entschluß aus dem Garten herausgetreten zu sein. Und zweitens ist die Tür in jenen Garten verschlossen, es führt kein Weg mehr zurück. Der Ruf der Verkündigung: „Kehrt zurück“ kommt nicht an. Will der Mensch nicht dem Abgrund entgegengehen, können Theologie und Kirche nur den anderen Weg gehen: Die Dürre der Einöde fruchtbar machen, d. h. die Herausforderung des Zweifels, des Gefühls der Sinnlosigkeit annehmen und fragen, ob nicht Theologie und christlicher Glaube Antworten haben, ob sie die Kraft haben, Zweifel und Abgrund der Sinnlosigkeit zu bezwingen. Paul Tillich war einer der Theologen, der von diesem Anliegen durchdrungen war. Er verstand seine Theologie als „apologetische“ Theologie, als Theologie, die antwortet auf die Fragen, die ihr in ihrer Zeit und von ihrer Situation gestellt werden. Allerdings, um Antworten geben zu können, die der *Situation* angemessen sind, muß der Theologe diese Situation sorgfältig analysieren. Nicht einzelne Phönomene der Situation beschäftigen den Theologen, sondern die philosophische Frage, welches Selbstverständnis des Menschen hinter all dem steckt, was Kunst, Wissenschaft, Philosophie, Wirtschaft und Heilkunst hervorbringen. Nun aber ist, so meint Tillich, das Selbstverständnis des Menschen in unserem Jahrhundert durch nichts so erschüttert und verwandelt worden wie durch die wissenschaftliche Erforschung des Unbewußten. Daß der Mensch die Erfahrung machen mußte, daß er keineswegs das ist, als was er sich in seinem Bewußtsein sieht, daß das menschliche Bewußtsein nur die Spitze des Eisbergs, das Wesen des Menschen aber weitgehend unter der Schwelle seines Bewußtseins verborgen ist — diese durch die Tiefenpsychologie erneut wissenschaftlich vorgetragene Erkenntnis hat das Verständnis des Menschen von sich selbst im 20. Jahrhundert radikal verändert. Eine Theologie, die also wirklich Antwort geben will auf die Fragen, die der heutige Mensch stellt, muß die Analyse des Menschen durch die Tiefenpsychologie in ihre Arbeit aufnehmen oder sie bleibt irrelevant und sektiererisch.

Das ist zweifellos ein anspruchsvolles Programm, und es mußte geradezu phantastisch wirken angesichts der Tatsache, daß der Pionier der Tiefenpsychologie, Sigmund Freud, die Religion als Massenneurose und Gott für eine Projektion der menschlichen Psyche hielt; Neurose und Projektion sind krankhafte Erscheinungen und bedürfen der Überwindung und Beseitigung. Tillichs Eingehen auf die Tiefenpsychologie wirkte deshalb auf viele Theologen befremdend. Die Tatsache, daß Freud das menschliche Seelenleben ausgerechnet vom Sexualtrieb aufbaute, machte Freud über Jahrzehnte hinaus in unserer durch Verdrängung der Triebwelt charakterisierten Kulturwelt unmöglich und bewirkte, daß er sich zwischen alle Stühle setzte: Gewiß, genau das hatte Freud gewollt: Er hoffte, daß die Psychoanalyse einen eigenen Stand von weltlichen Seelsorgern ausbildete, die Ärzte nicht zu sein brauchten und Priester nicht sein dürfen. Folgerichtig waren Ärzte und Theologen die erklärten Gegner der Tiefenpsychologie. Karl Barth sah die Theologie bereits im schaurigen Sumpf der Psychoanalyse versinken.

Ich wollte das nur andeuten, um klar zu machen, was Tillich mit seinem theologischen Programm anrichtete, als er bereits in den zwanziger Jahren die Tiefenpsychologie zur theologischen bzw. philosophischen Analyse des Selbstverständnisses des Menschen heranzog und sie für den Entwurf seiner apologetischen Theologie für unverzichtbar hielt. Gewiß, ein Teil jener Offenheit Tillichs in den zwanziger Jahren, die ihn auch dazu bewegte, eine eigene Analyse zu beginnen (die er allerdings nie abgeschlossen hat), schreibt er selbst dem psychoanalytisch aufgeheizten Gedankenklima der Gebildetenzirkel in Wissenschaft und Kunst im Berlin, Leipzig und Dresden jener Zeit zu. Jedoch hat Tillich sein theologisches Programm einer Einbeziehung der Tiefenpsychologie in die Theologie bis in seine spätesten Werke durchgehalten und in aller Form zur theologischen Methode erhoben (hierzu verweise ich auf meinen Aufsatz: Paul Tillich und die Tiefenpsychologie aus theologischer Sicht in: Wege zum Menschen, 1969, Seite 201). Nach seiner Emigration nach Amerika 1933 trat er dort in regen Kontakt zur Psychoanalyse, deren Vertreter ja teilweise ebenfalls aus Deutschland emigriert waren. Er hat in Amerika auf vielen tiefenpsychologischen Fachkongressen gesprochen; einer seiner Schüler, der Theologe und Psychotherapeut

Rollo May, hatte gegen beträchtlichen Widerstand aus Therapeutenkreisen Tillich die Türen in jene Gruppen geöffnet, aber nachdem die Therapeuten einmal erfahren hatten, wie fruchtbar und befreiend Tillichs Theologie für ihre eigene Arbeit war, wurde er zum begehrten Referenten, und Rollo May konnte von Tillich sagen: „Er war der Therapeut der Therapeuten."

Da ich an anderen Stellen bereits einiges zu diesem Thema geschrieben habe, möchte ich heute auch im Blick auf das Gesamt-Thema unserer Tagung zunächst nur einen Bereich von Tillichs Versuch aufnehmen, Erkenntnisse der Tiefenpsychologie in seine Theologie einzuarbeiten, nämlich Tillichs Lehre von der Sünde. In einem zweiten Teil meines Referats möchte ich vor allem auf Tillichs Gedanken zur Frage der Heilung eingehen, weil diese Gedanken die Praxis stark berühren.

Sie haben vielleicht schon kritisch vermerkt, daß ich, nicht ganz im Sinne des mir gestellten Themas, von Tillichs Verhältnis zur *Tiefenpsychologie* anstatt zur Psychoanalyse gesprochen habe. Ich möchte Sie nicht mit Definitionen langweilen, aber so viel klarstellen: Tiefenpsychologie ist die von Freud begonnene Wissenschaft, die sich mit der Erforschung der menschlichen Psyche, vor allem ihrem Unbewußten beschäftigt, und Psychoanalyse ist streng genommen ein Zweig der Tiefenpsychologie, nämlich die Schule von Sigmund Freud und seinen Nachfolgern. Bekanntlich aber gibt es in der Tiefenpsychologie auch andere Schulen, die sich gelegentlich nicht gerade sonderlich hold sind, wie das bei Verwandten öfter vorkommt. Ich spreche also von Tiefenpsychologie und meine damit mehr den theoretischen Teil dieser Wissenschaft, und ich spreche von Psychotherapie und meine damit jene Form des Heilens, die aufgrund der Ergebnisse der tiefenpsychologischen Forschung entwickelt wurde.

1. Tillichs Grundverhältnis zur Tiefenpsychologie und seine Lehre von der Sünde

Was viele Laien an Tillichs Theologie fasziniert, ist das Gefühl, daß einem hier ein Theologe begegnet, der offen ist für alles, was es in der Welt gibt. Da wird nichts ängstlich ausgeklammert, da ist keine Frage unberechtigt, kein Zweifel unerlaubt. Es war aber nicht Menschenfreundlichkeit oder vielleicht theologische Konzeptlosigkeit, was Tillich so offen machte, sondern Tillich verstand seine Offenheit als eine notwendige Konsequenz der christlichen und vor allem im Luthertum festgehaltenen Lehre, daß Gott ganz Mensch geworden war. War Gott wirklich Mensch geworden, dann mußte das Endliche als solches fähig sein, das Unendliche zu fassen. Finitum capax infiniti. Folglich kann nach Tillich alles Endliche zum Gefäß des Unendlichen werden, oder besser gesagt: In allem Endlichen kann das Unendliche transparent werden.

Nun hat Tillich bereits in den zwanziger Jahren beobachtet, daß immer mehr Menschen, auch solche, die der christlichen Tradition verbunden waren, nicht etwa zum Pfarrer gingen, sondern zum Psychotherapeuten, wenn sie in seelischer Not waren. Tillich hat nun diese Tatsache nicht als Machenschaft des Unglaubens abgetan, sondern sich gefragt: Könnte in der Psychotherapie vielleicht etwas zutiefst Religiöses Ereignis werden? Könnte es sein, daß der Psychotherapeut, vielleicht ohne daß er's will und weiß, priesterliche Funktionen ausübt? Tillich hat das bejaht: Was in einer guten Therapie vor sich geht, hat Analogien zur Beichte, sagt er. Was in der Psychotherapie heilt, ist der therapeutische eros, die liebevolle Annahme des Patienten. Könnte es nicht sein, daß die Psychotherapie hier in eine „Marktlücke" gestoßen ist, die dadurch aufgetan wurde, daß die kirchliche Seelsorge ihre Aufgabe, mindestens in einigen Teilen, verfehlt hat?

Solche Erwägungen führten Tillich zu der Frage, was der kirchlichen Verkündigung und Seelsorge fehlt. Tillich kommt zu erschreckenden Ergebnissen. Der Protestantismus, so sagt er, ist in einen heillosen Moralismus verstrickt. In der Verkündigung wie überhaupt in den Gottesdiensten des Protestantismus wird vor allem an das Bewußtsein und an den Intellekt appelliert; *das Bewußtsein* muß die Gnade, die durchaus reichlich verkündigt wird, annehmen; das *Bewußtsein* muß akzeptieren, daß man ein Sünder ist und muß dann den Entschluß fassen, umzukehren. Nirgends wird diese rationale Verkündigung der Gnade flankiert durch Elemente, die die Gnade zu etwas in der Tiefe Erlebbarem machen, zu etwas, was auch die Tiefenschichten des Menschen, seine Gefühle, seine unbewußten Verdrängungen und Triebe mit ins Spiel bringt. Der ständige Appell an die bewußten Schichten zieht die Verdrängung der vital triebhaften Natur nach sich, und das nicht zum Vorteil einer integrierten Persönlichkeit. So ist der Protestantismus zu einer Religion des Bewußtseins geworden, zu einer Religion, die das Triebhafte, Vitale und Dämonische verdrängt und *damit* für erledigt hält, was nichts anderes als eine infantile Art des Umgangs mit triebhaften Ansprüchen ist: „Was ich nicht mehr sehe, wenn ich die Augen zuhalte, ist nicht mehr da." Und weiter fragt Tillich: Wie wird im Protestantismus Sünde verstanden? Man versteht Sünde als einzelne Akte unmoralischen Handelns. Dem menschlichen *Bewußtsein* wird die volle Verantwortung dafür angelastet, daß der Mensch sündigt. Vergessen ist, was Paulus Römer 7 sagt: Das Gute, das ich will, das tue ich nicht; das Böse, das ich nicht will, das tue ich. Vergessen ist die Lehre von der Erbsünde oder wie Tillich sagt: Die Lehre von der Erbsünde ist zugrunde gerichtet. Man versteht Erbsünde als Weitergabe eines einmal geschehenen unmoralischen Aktes, den Adam beging; in Wirklichkeit aber will die Lehre von der Erbsünde, wie Tillich meint, entmythologisiert und dann ontologisiert sein, das heißt: Es muß erkannt werden, daß die Geschichte von Adams Sündenfall nicht eine Geschichte von *damals*, sondern *unsere* Geschichte ist, und es muß herausgearbeitet werden, was diese Geschichte sagen will, nämlich dies, daß Sünde auch ein schicksalhaftes, überindividuelles, triebhaftes Element hat. Der Mensch findet sich in seiner existenziellen Entfremdung in Strukturen des Bösen vor, denen er nicht mit dem Bewußtsein ausweichen kann. Psychologisch gesprochen heißt das, das Unbewußte des Menschen, seine Vitaltriebe, seine Verdrängungen, seine Projektionen und die psychischen Inhalte, die ihn als Einzelnen mit den Vielen verbindet, gewinnen Gewalt über sein Bewußtsein. Psychologisch, nicht theologisch gesprochen heißt das: Diese unbewußten Strukturen und Inhalte verführen ihn zur Sünde. Damit soll keineswegs Sünde entschuldigt, sondern nur festgestellt werden, daß Sünde *auch* eine überindividuelle und jenseits des Bewußten liegende Komponente hat, und das eben möchte die Lehre von der Erbsünde, wie Luther und Paulus sie verstanden, ursprünglich sagen. Dabei wäre vieles darüber zu sagen, wie bereits der Mythos von Genesis 3 Erkenntnisse der Tiefenpsychologie und der heutigen Anthropologie vorweg nimmt. So etwa die Beteiligung der Schlange am Sündenfall, was ja nichts anderes heißt als ein Hinweis auf die triebhaft-vitale Sphäre des Menschen, die bei der Sünde beteiligt ist oder philosophisch gesprochen: Die Einheit von Natur und Geist, die beim Menschen auch bei der Sünde zusammen wirkt. Ferner ist in Genesis 3 erkennbar, daß Sünde nicht bloß Akt eines Einzelnen, sondern Gemeinschaftswerk ist, insofern hier Schlange, Adam und Eva zusammenwirken. Diese Erkenntnisse der Erbsündenlehre hat, wie Tillich sagt, der Protestantismus weitgehend aus seinem Gesichtsfeld verloren. Der Katholizismus war hier, seelsorgerlich gesehen, weit angemessener, indem er, besonders in der Beichtpraxis, Verantwortlichkeiten abwägt und abstuft und dann mit seiner reichen Symbol- und Sakramentswelt auch die Gnade an den Menschen nicht bloß über das Bewußtsein vermittelt. Ich kann das alles nur sehr knapp andeuten und will nur einen kleinen tiefenpsychologischen Exkurs machen, indem ich sage: Die Tiefenpsychologie hat, ohne von Tillichs Arbeit Kenntnis zu nehmen, ihm in allen diesen Punkten voll recht gegeben. Um das Ihnen zu zeigen, möchte ich einfach ein paar Sätze aus einer Ansprache des zweiten tiefenpsychologischen Pioniers, C. G. Jung zitieren, die das, was ich bisher über Tillichs Aussagen zur Tiefenpsychologie gesagt habe, bestätigen. Jung sagt beispielsweise: „Die Neurose ist im letzten Verstand ein Leiden der Seele, die ihren Sinn nicht gefunden hat. Unter allen meinen Patienten jenseits der Lebensmitte ist nicht ein einziger gewesen, dessen endgültiges Problem nicht das der religiösen Einstellung gewesen wäre. Jeder krankt in letzter Linie daran, daß er das verloren hat, was lebendige Religionen ihren Gläubigen zu allen Zeiten gegeben haben." „Es hat nicht den Anschein, als ob der protestantische Seelsorger von heute genügend ausgerüstet wäre, um dem gewaltigen seelischen Anspruch unserer Zeit zu genügen." (Ges. Werke XI, S. 355 ff.)

Als Gründe, weswegen Gemeindeglieder nicht zum Pfarrer, sondern zum Therapeuten gingen, nannte Jung in einem Vortrag vor Pfarrern: 52 Prozent seiner befragten Patienten waren der Meinung, dem Pfarrer fehle es an Verständnis für ihre Probleme, 28 Prozent gaben an, daß der Pfarrer eine vorgefaßte dogmatische Meinung habe. „Meine Patienten", sagt Jung, „fühlen samt und sonders, daß unsere religiösen Wahrheiten irgendwie hohl geworden sind. Entweder können sie wissenschaftliche und religiöse Weltanschauungen nicht in Einklang bringen, oder die christlichen Wahrheiten haben ihre Autorität verloren. Man fühlt sich durch den Tod Christi nicht mehr erlöst." Und im Blick auf die Bedeutung des Katholizismus für die Menschen sagt Jung: „Ich bin unerschütterlich davon überzeugt, daß eine ungemessen große Zahl von Menschen in den Schoß der katholischen Kirche gehört und sonst nirgend hin, weil sie dort am nützlichsten und besten untergebracht sind." Soweit die Zitate von C. G. Jung. (Sämtlich Ges. Werke XI, S. 355 ff.)

Was nun Tillichs Konzeption vom kollektiv unbewußten und schicksalhaften Element der Sünde anbetrifft, so fühlt er sich ganz zu Recht von Jung bestätigt. Jung hat in vielen Jahren der Forschung die Hypothese aufgestellt und wissenschaftlich erhärtet, daß das Unbewußte nicht nur, wie Freud meinte, ein dem Individium zugeordneter Behälter von Trieben und Verdrängungen ist, sondern daß das Unbewußte eine kollektive überindividuelle Komponente hat, d. h. im Unbewußten des Menschen ist eine noch tiefere Schicht, die er gemeinsam mit anderen Individuen seines Stammes, seiner Nation, seines Kulturkreises und schließlich der gesamten Menschheit hat, und dieses Unbewußte ist der Energieträger der Seele, aus dem alle menschlichen, schöpferischen und zerstörerischen Kräfte hervorkommen. Diese Tatsache aber, so meint Tillich, muß konsequent in der Lehre von der Erbsünde verarbeitet und sie damit von ihrem Moralismus befreit werden. Tillich hat diese Ansichten in seiner Lehre vom Dämonischen verarbeitet. Eine vitale Kraft, so meint Tillich, kann entweder eine Form schöpferisch weiterentwikkeln, oder sie kann diese Form über ihre Grenzen hinaustreiben und zerstören. Zum Beispiel kann die unbewußte psychische Energie einen Menschen zu schöpferischen Leistungen befähigen, oder aber diese Energie kann das Bewußtsein unorganisiert vom zentralen Selbst überfluten, so daß der Mensch zu etwas getrieben wird, was gegen sein Wesen ist. Diesen Vorgang würden wir tiefenpsychologisch als Neurose oder Psychose bezeichnen, theologisch gesehen ist es nach Tillich Entfremdung, das heißt: Sünde, und zwar Entfremdung des Menschen von Gott oder von sich selbst, oder von seinem Nächsten. Solche Sünde aber hat ein Element in sich, das das menschliche Bewußtsein nicht beliebig beherrschen kann, und dies kann und muß die Theologie heute von der Tiefenpsychologie lernen, damit die Theologie eine realistische Sicht des Menschen bekommt und die Gnade wirklich weitergeben kann, anstatt sie so über die bewußten Schichten des Menschen zu gießen, daß sie dort wie von einer Ölhaut abgestoßen werden können.
In ähnlicher Weise hat Tillich viele andere Teile der Theologie von der Tiefenpsychologie her durchforstet. Ich kann das hier nicht ausführen und verweise dazu auf Tillichs Schriften und auf meine eigene Arbeit zu diesem Thema. (Paul Tillichs Lehre vom Menschen als Gespräch mit der Tiefenpsychologie, Diss., 1973.)

2. *Tillichs Lehre von der Heilung*

Tillich war von dem Gedanken beseelt, daß alle Wissenschaften und Lebensbereiche, die Wissen über den Menschen hätten, zu einer gemeinsamen Lehre vom Menschen kommen sollten. Tillich hat in dieser Richtung Versuche gemacht, vor allem auf Fachtagungen mit Psychiatern und Tiefenpsychologen, und Tillichs Entwurf und seine Bedeutung will ich in aller Kürze referieren. Tillich hat schon in den zwanziger Jahren die These aufgestellt, daß ungeachtet der Frage, ob man Freuds Gedanken annimmt oder nicht, man der Tiefenpsychologie bescheinigen müsse, sie habe das Verdienst, aus einer naturalistisch-mechanistischen Sicht des Menschen herausgeführt zu haben. Sie hat entdeckt, daß es beim Menschen einen Bereich des Psychischen gibt, der nicht nur ein Anhängsel seines Körpers ist und daß man also seelische Krankheiten nicht als Störung körperlicher Funktionen ansehen und nicht nur durch Einwirkung auf den Körper heilen könne. Das mag uns selbstverständlich vorkommen, war es aber damals nicht und ist es, mit Verlaub, auch heute noch nicht, auch nicht in der Medizin. Aber zurück zu Tillich: Er sagt: Die Tiefenpsychologie hat den Dualismus Natur—Geist überwunden. Damit hat sie etwas getan, was das Christentum auch tat: Wenn Gott in Christus Mensch geworden ist, können Natur und Geist nicht unverbunden nebeneinander stehen. Außer Luther weiß Tillich sich hierbei vor allem mit Schelling verbunden: Natur ist Geist im Element des Unbewußten, oder mit anderen Worten: Natur, Anorganisches, Organisches, sind auch Geist, nur eben unbewußter, noch nicht entwickelter Geist. So ist es auch beim Menschen: Seine naturhafte Seite, sein Körper, steht nicht unverbunden neben dem Geist, sondern ist potentieller, schlummernder Geist. Wie aber soll man sich diese Verbindung vorstellen?

Tillich hat an dieser Frage, angeregt durch die Tiefenpsychologie, jahrzehntelang gearbeitet und seine Entwürfe immer mehr vervollkommnet. Im dritten Band der systematischen Theologie legt uns Tillich folgendes hypothetische Modell vor:

Wir haben uns daran gewöhnt, uns den Menschen in Schichten zu denken: Unten eine Schicht Natur, oben eine Schicht Geist, vielleicht dazwischen eine Schicht Psychisches. Aber das Denken in der Metapher „Schichten" ist unangemessen: Es beinhaltet erstens eine Höherbewertung der oberen Schicht, zweitens stehen die Schichten unverbunden nebeneinander, und es kann nicht eingesehen werden, wie sie einander bedingen und ineinander übergreifen. Tillich möchte daher lieber die Metapher der *Dimension* verwenden. Dimensionen liegen weder nebeneinander noch über- oder untereinander, sondern ineinander und sie sind in dem einen Punkt geeint, in dem sie sich treffen. Man kann beliebig viele Dimensionen denken. Wir aber denken der Einfachheit halber zunächst in den traditionellen Dimensionen: Anorganisch, Organisch, Psychisch, Geistig. Die relative Berechtigung der Metapher Schicht besteht darin, daß es *Bereiche* gibt, in denen bestimmte Dimensionen vorherrschen, oder Bereiche, in denen bestimmte Dimensionen nicht verwirklicht sind.

Was Tillich mit dem Begriff der *Dimension* meint und erreichen will, möchte ich versuchen, mit Hilfe eines Schemas klarzumachen. Jede solche schematische, graphische Darstellung hat die Gefahr in sich, zu vereinfachen und zu verzeichnen, vor allem, wenn diese Darstellung nur zweidimensional, also flächig ist. Ich gehe dieses Risiko ein in der Hoffnung, daß damit Tillichs Dimensionenlehre nicht nur verständlich, sondern auch aussagekräftig wird.

Alle Dimensionen, so sagt Tillich, sind in einem Punkt geeint. Sie liegen nicht unter- oder übereinander, sondern ineinander. Graphisch ließe sich das so darstellen:

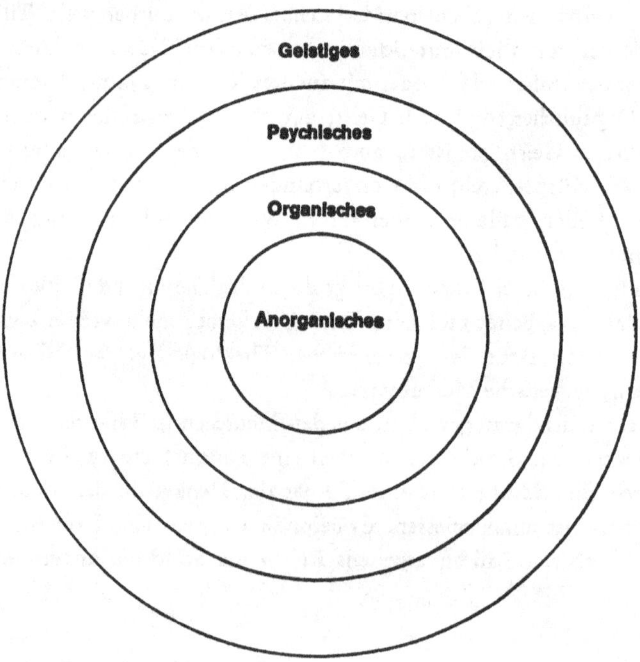

Die „innerste" Dimension ist die des Anorganischen. Im Anorganischen sind alle anderen Dimensionen, das Organische, Psychische, Geistige, bereits vorhanden, aber nur potentiell.
Aus der anorganischen Dimension heraus kann sich als nächste die organische Dimension entwickeln, weiter die psychische, dann die geistige. Bedingung für das Hervortreten der organischen Dimension ist das Vorhandensein der anorganischen, Bedingung für das Hervortreten z. B. der geistigen Dimension ist das Vorhandensein der psychischen Dimension.
Um näher zu umschreiben, welche Dimensionen jeweils nur potentiell vorhanden und welche schon aktualisiert oder hervorgetreten sind, führt Tillich den Begriff des *Bereichs* ein. Graphisch könnten wir den Bereich als Sektor aus der vieldimensionalen Einheit des Lebens herausschneiden.
Wenn wir graphisch die aktualisierten Dimensionen in einem Bereich mit *durchgezogenen* Linien und ausschraffiert, die nur potentiell vorhandenen mit *gestrichelten* Linien darstellen, ergibt sich folgendes Bild:

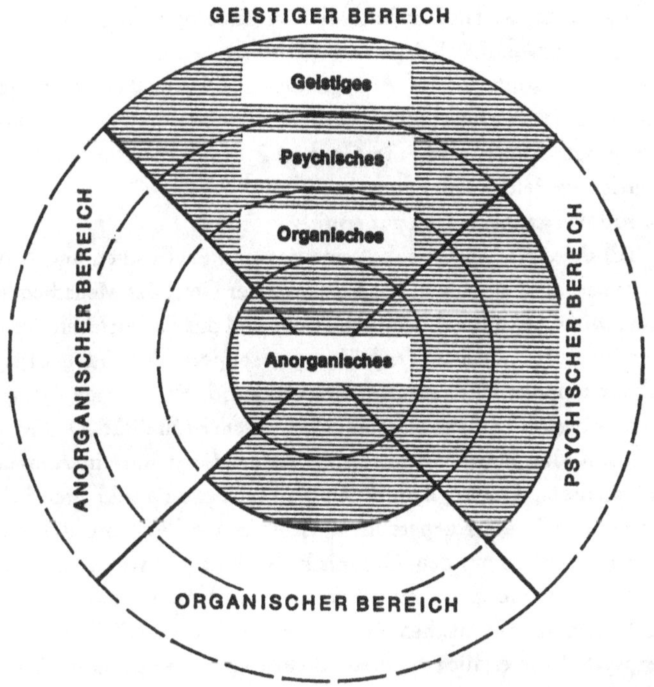

Im Bereich z. B. des Anorganischen ist nur die anorganische Dimension des Lebens aktualisiert, die anderen sind zwar vorhanden, aber nur potentiell. In einem Stein z. B. ist nur das Anorganische aktualisiert, das Organische, das Psychische oder das Geistige ist zwar im Stein auch schon da, aber eben nur als Möglichkeit, nicht als Wirklichkeit.
Oder nehmen wir den Bereich des Psychischen: Dort ist die Dimension des Anorganischen und Organischen als Basis bereits vorhanden, jedoch die geistige Dimension ist noch nicht verwirklicht, sie schlummert im Psychischen noch als Möglichkeit. Um ein Beispiel zu wählen: In einem höheren Tier, etwa einem Vogel, ist zwar Anorganisches, Organisches und Psychisches verwirklicht, aber die Dimension des Geistigen (so weit wir wissen) noch nicht; jedoch ist das Geistige im Vogel als Möglichkeit angelegt, nur eben nicht verwirklicht. Diese Konzeption Tillichs stimmt übrigens durchaus mit der heutigen entwicklungsgeschichtlichen Sicht des Menschen überein.
Tillich kann im Blick auf diese Dimensionslehre sagen: Mit dem ersten Atom, das Gott schuf, war, potentiell, der Mensch schon da. Das hat Bedeutung z. B. im Blick auf den Geist des Menschen: Dieser wird nicht etwa, wie in der klassischen katholischen Theologie, dem bereits vorhandenen embryonalen Körper des Menschen sekundär von oben her „eingegossen", sondern: Im Anorganischen, Organischen, Psychischen des Embryos ist der Geist schon vorhanden, wenn auch nur potentiell; anders gesagt: Anorganisches ist Geist im Zustand des Unbewußten.
Sie werden vielleicht denken:
Wozu soll das ganze System gut sein?
Nun, Tillich zeigt: Der Geist hat eine Basis im Psychischen und Naturhaften, aber, z. B. anders als bei Freud, ist der Geist des Menschen nicht nur ein *Anhängsel* der naturhaften Triebe und das Kulturleben nur eine Umleitung überschüssiger Trieb-Energie, sondern der Geist ist zwar aufgebaut auf den Dimensionen des Organisch-Psychischen, aber zugleich eine *eigene* Dimension, eine Sache eigener Qualität. Das ist sehr wichtig und alles entscheidend. Denn: Ist der Geist nur ein Anhängsel des körperlichen Triebes, dann kann man seelische Krankheiten heilen, indem man Teile des Körpers heilt. Ist aber der Geist und die Psyche trotz ihrem Aufbau auf dem Organisch-Psychischen eine eigene Dimension, dann kann Geist nur geheilt werden durch Geist, und Psyche nur durch Heilen im psychischen Bereich. Eben das, sagt Tillich, hat die Tiefenpsychologie endlich wiederentdeckt. Andererseits, da die Dimen-

sionen sich in einem Punkt treffen, sind die einzelnen Dimensionen wieder in einem ganz besonderen Verhältnis zueinander, d. h., wenn die Dimension des Organischen krank ist, ist davon auch die Dimension des Psychischen und Geistigen betroffen, wie jeder daran studieren kann, wie schlechte Laune einem körperliche Schmerzen machen können und andererseits, wie durch Krankheit im psychischen Bereich z. B. Magengeschwüre entstehen können.

Aus Zeitgründen kann ich nur als Fußnote anmerken, daß die Konzeption der Tiefenpsychologie C. G. Jungs sich fast nahtlos in Tillichs System einfügen ließe. Zwar redet Jung nicht ausdrücklich von Dimensionen und Bereichen, geht aber davon aus, daß hinter dem menschlichen Geist eine psychische Kraft steht, die er libido nennt und die nichts anderes ist als psychische Energie, die einerseits auf der Basis der Anorganischen und Organischen beruht, andererseits aber eine eigene Kategorie ist, die sich nicht in körperliche Vorgänge verrechnen läßt, denn das Selbst des Menschen, jenes Zentrum der Person, jener Mittelpunkt des Unbewußten und des Bewußten, jene steuernde, rufende, heilende Instanz hat bei Jung durchaus transzendente Züge, ist also nicht einfach Exponent des Körperlichen.

Die Frage, um die es uns im folgenden gehen muß, ist: Wenn schon das Heilen in der körperlichen und geistigen Dimension einerseits qualitativ verschiedene Dinge sind und doch auch wieder einander berühren und bedingen, wie steht eigentlich das *geistliche* Heilen, die Erlösung zum körperlichen und psychischen Heilen? Ganz offensichtlich nämlich will sich Tillich nicht mit dem zufrieden geben, was seit Jahrhunderten sich als faktische Funktionentrennung eingespielt hat: Der Arzt ist zuständig für die Gesundung im Diesseits, der Priester ist für das Jenseits zuständig. Der Arzt sieht den Pfarrer um eine Erlösung besorgt, die in einem ihm höchst zweifelhaften Jenseits erreicht wird und also mit unserem Leben nichts zu tun hat, der Pfarrer wiederum wertet das Heilen des Arztes als eine lediglich zeitlich-irdische Angelegenheit ab. Wird der Mensch als eine vieldimensionale Einheit verstanden, ist dies nicht mehr möglich. Alles Heilen, körperliches, seelisches, geistliches (sprich Erlösung) müssen in einem Bezug zueinander stehen.

Wir fragen zunächst: Was ist eigentlich Erlösung?

Tillich antwortet: Erlösung ist heilende und rettende Macht des Neuen Seins. Die Kraft dieses Neuen Seins war zu allen Zeiten der Geschichte fragmentarisch anwesend. Aber in Jesus Christus als dem Träger des

Neuen Seins kommt die Kraft der Erlösung unbegrenzt und vollkommen zur Erscheinung. Diese heilende Kraft überwindet den Zwiespalt zwischen Mensch und Gott, dem Menschen und seiner Welt und dem Menschen und sich selbst. Das ist Erlösung, d. h. Erlösung ist nicht Erhebung an einen himmlischen Ort, sondern Überwindung der genannten Zwiespalte. Solche Erlösung oder geistliche Heilung ist aber eine Aufgabe, die wegen der Einheit der vielen Dimensionen keineswegs *nur* den Priester betrifft, sondern gemeinsame Sache aller heilenden Disziplinen ist. Die Theologie hat, so meint Tillich, ein Jesusbild entwickelt, in dem die Funktionen Jesu als *„soter"*, als Heiland, der das Zerspaltene ganz macht, verdrängt wurde. Die neutestamentlichen Heilungsgeschichten wurden zu sehr unter dem Aspekt des Wunders gesehen, anstatt unter dem, daß Jesus als heilende Manifestation des Reiches Gottes heilt, in allen Dimensionen, wobei die neutestamentlichen Geschichten ja in frappierender Weise die Einsicht der Tiefenpsychologie bestätigen, daß eine Beziehung besteht zwischen körperlichem, psychischem und geistlichem Kranksein, zwischen Krankheit und Schuld, zwischen dem Wunsch, geheilt zu werden und der Angst, geheilt zu werden. Wenn die Theologie die Erkenntnisse der Tiefenpsychologie ernst nimmt, könnte sie, so Tillich, wieder zurückfinden zu der ursprünglichen Bedeutung des Wortes *salvus,* heil, ganz, integriert, und dann könnte die unheilvolle Trennung der heilenden Disziplinen überwunden werden. (Übrigens: Auch Jung versteht den heilen Menschen als einen, der in einem langen Prozeß alle Teile seines Seins vom Selbst her integriert hat.)

Um das näher zu verstehen, fragen wir nun: Was ist eigentlich Krankheit? Was Tillich hierzu sagt, lehnt sich, ohne daß Tillich dies ausdrücklich betont, eng an Gedanken von C. G. Jung an: Alle Lebensprozesse vollziehen sich durch die beiden Grundelemente Selbst-Identität und Selbst-Veränderung. Leben heißt: Ein Selbst löst sich aus der Einheit mit sich selbst, geht über sich hinaus und versucht zugleich, sich selbst zu bleiben. Gelingt dies, dann haben wir Wachstum, sowohl z. B. bei Pflanzen wie in der Dimension des Geistes oder in der Dynamik der Geschichte. Gelingt das nicht, d. h. verliert sich das Selbst, so ist das Krankheit. Ein Beispiel: Krebs ist nichts anderes als Zellenwachstum, bei dem die zentrale Steuerung verlorengeht, die Zellen wild wachsen. Eine Neurose ist nichts anderes als ein wildes, geistiges Wachstum, d. h. einzelne Teile der Psyche, Komplexe genannt, machen sich im Unbe-

wußten selbständig und terrorisieren das Bewußtsein, das dann nicht mehr vom Selbst geführt wird.
Krankheit im geistigen Bereich könnte sein übertriebene Selbstbeschränkung durch Unterdrückung, z. B. durch falschen Respekt vor dem Gesetz, oder Krankheit im geistigen Bereich könnte sein zielloses Verfolgen aller Möglichkeiten, das zum Verlust der Identität führt, ein Versuch, sein zu wollen, wie Gott – was ja die Urkrankheit, die Ursünde des Geistes ist. Selbstveränderung in allen Dimensionen ist nötig, sie ist gut, sie kann aber auch zerstörerisch werden, sie ist also zweideutig.
Was ist also Heilung?
Im geistigen Bereich ist Heilung dies, daß der menschliche Geist von etwas ergriffen wird, das ihn transzendiert und zu seinem wahren Wesen führt. Diese erlösende, heilende Macht ist der göttliche Geist, der Sinn und Grund unseres Seins. Dieser göttliche Geist ergreift den menschlichen nicht so, daß der menschliche Geist seine rationale Struktur verliert, sondern daß der menschliche Geist zu etwas befähigt wird, wozu er selbst nicht in der Lage wäre. Das ist geistliche Heilung, Erlösung. Das schafft Integration des Selbst, der Person. Dieses Geschehen der Heilung nennt die Theologie Glaube, wobei Glaube strikt rezeptiv, nehmend, zu verstehen ist. Die Verwirklichung dieses Erlebnisses ist Liebe. Gesundheit im tiefsten Sinne ist also Leben im Glauben und in der Liebe.
Solche geistliche Heilung nun betrifft auch die anderen Dimensionen des Menschen, denn sie sind ja die Bedingung für die geistliche. Aber diese Dimensionen werden nicht *direkt* betroffen. Am direktesten vielleicht noch die psychische Dimension. Wir erinnern uns an Jungs Aussage, daß Neurose im Grund die Krankheit einer Psyche sei, die ihren Sinn nicht gefunden hat, wir könnten auch sagen, die im Streit lebt mit ihrem Selbst. Aber auch die organische Dimension wird von der geistlichen betroffen: Das Stichwort Psychosomatik mag es andeuten.
Nun darf uns das nicht zu dem Schluß verleiten: Geistliche Heilung schafft automatisch Heilung in allen anderen Bereichen. In der Endlichkeit des Menschen sind die Bereiche relativ selbständig. Das Harren der Kreatur wartet ja noch auf Vollendung. Eine körperliche Verletzung muß chirurgisch geheilt werden, der Neurotiker braucht den Psychotherapeuten, ein therapeutisch geheilter Neurotiker kann geistlich krank bleiben, weil seinem Leben ein Sinn fehlt, und ein zum Christentum Bekehrter kann unter Verdrängungen leiden, die ihn zum

neurotischen Fanatiker machen. Daher erfordert jede Krankheit innerhalb ihres Bereiches eine spezifische Heilmethode. Aber: Keine dieser Heilmethoden kann den Anspruch erheben, allein die Heilung des ganzen Menschen schaffen zu können.

Fazit: Tillichs Gedanken sind ein leidenschaftlicher Versuch, mit Hilfe seiner Hypothese von der vieldimensionalen Einheit des Menschen alle heilenden Professionen zur Zusammenarbeit in Theorie und Praxis zu rufen, und wie weit wir von solcher Zusammenarbeit heute noch entfernt sind, mögen Sie spüren, wenn Sie das Sprechzimmer irgend eines Arztes oder das Amtszimmer irgend eines Pfarrers betreten. Welten stehen zwischen den einzelnen heilenden Professionen, die Einheit von Arzt und Priester, in den unverdorbenen Kulturen Selbstverständlichkeit, ist für uns nur noch ein Traumbild.

Im Brennpunkt solcher Überlegungen steht zweifellos das Verhältnis von Psychotherapeut und Seelsorger, zu dem ich Ihnen abschließend einiges sagen will:

Die Arbeitsbereiche beider überschneiden sich aufgrund der engen Verbindung des psychischen und geistigen Bereichs weitgehend, d. h. der Seelsorger kommt ohne Fähigkeit zu einem gewissen medizinischen und psychologischen Urteil in seiner Arbeit nicht aus. Er muß mindestens in der Lage sein, eine psychische Krankheit zu erkennen und die Überweisung eines solchen Menschen an den Psychotherapeuten veranlassen zu können. Der Therapeut wiederum darf sich nicht einbilden, mit der Beseitigung neurotischer Symptome oder mit der Einpassung eines gestörten Menschen in die Arbeitswelt sei dieser Mensch geheilt (die Krankenkassen bezahlen ja bekanntlich eine therapeutische Behandlung dann, wenn ein Mensch in seiner Funktion in unserer Arbeitswelt gestört ist, und er gilt als gesund, wenn er wieder in die Arbeitswelt eingepaßt ist). Der Therapeut muß wissen, daß ein psychisch Geheilter noch krank sein kann im geistlichen Bereich. Das Problem ist nur, daß unsere heutige Seelsorge und Verkündigung oft nicht in der Lage sind, geistliches Heilen zuwege zu bringen. Daher gehen die Leute zum Therapeuten. Denn was in der Psychotherapie heilt, ist nicht diese oder jene therapeutische Technik. Denn „die psychotherapeutische *Einstellung* ist unendlich viel wichtiger als ihre psychologischen Theorien und Methoden" – so sagt Jung wörtlich. Was in der Psychotherapie heilt, ist die Annahme des Patienten ohne moralische Verurteilung. Der andere kann immer nur geheilt werden, wenn ich ihn in seinem So-Sein, in seinem Schlimmsten, annehme. Annahme aber ist das, was wir in der Theologie als Gnade bezeichnen. Vorbehaltloses Angenommenwerden trotz all dem, was uns anhängt, das ist Gnade. Psychotherapie ist eine Therapie durch Annahme, durch Gnade, oder es ist gar keine Therapie. Annahme ist nicht: Einfach sagen, es ist erledigt, es ist vergessen, vergeben, was in der Vergangenheit war. Annahme ist ein schmerzlicher Prozeß, weil er nur möglich ist, wenn die Konflikte im Unbewußten aufgedeckt werden und der Patient die Aufgabe annimmt, seinen Schatten anzunehmen. Sich selbst, d. h. auch seinen Schatten annehmen, verlangt einen „selbst-transzendierenden Mut", und diesen Mut nennen wir Glauben. Tillich hat übrigens von solchen Überlegungen aus die Begriffe „Gnade" und „Glaube" zu interpretieren versucht, und zwar in dem Sinn, daß er Gnade versteht als das Angenommenwerden des Menschen durch Gott trotz unseres dunklen Schattens, und Glaube ist der Mut, das anzunehmen, daß wir bei Gott angenommen sind. Aber zurück zu dem Gedanken der Annahme in der Therapie. Wenn der Therapeut einen Patienten annimmt, so wie er ist, heißt das nun gar nicht, daß der Therapeut ein Christ sein muß, sondern es heißt, daß die Psychotherapie etwas in ihre Arbeit hereingenommen hat, was eigentlich Kern echter christlicher Seelsorge und Verkündigung sein müßte, und es heißt weiter, daß christliche Theologie und Seelsorge sich fragen lassen müssen, ob sie über all ihrem Reden von Rechtfertigung und Gnade solche Gnade noch zu etwas in allen Tiefen des Geistigen und Psychischen Erlebbarem und Erfahrbarem macht. Der Therapeut muß freilich vom Theologen gefragt werden: „In welcher Vollmacht nimmst du an und, wer bist du, daß du einen anderen annehmen kannst?" Und dann wird herauskommen, daß der Therapeut seinerseits der Heilung und der Annahme bedarf. Wir können aber nicht ausschließen, daß heilende Annahme durch die Arbeit des Therapeuten am Werk ist. Diese nur skizzenhaft angedeuteten Gedanken wären jetzt noch in vielen Richtungen zu vertiefen und zu erläutern, aber ich will Ihnen das Wenige nun einfach einmal so anvertrauen und hoffen, daß wir im nachfolgenden Gespräch dieses und jenes noch klären und vertiefen können.

HEINZ FLÜGEL

EIN SKEPTIKER BEGEGNET PAUL TILLICH
BRIEF EINES UNBEKANNTEN

Verehrter Herr Professor Paul Tillich, erlauben Sie, daß ein Ihnen Unbekannter Ihre Aufmerksamkeit in Anspruch nimmt, kein Angehöriger der theologischen Zunft oder einer anderen akademischen Fakultät, sondern nur ein gewöhnlicher Zeitgenosse, ein älterer Mann, ein dankbarer Leser Ihrer Religiösen Reden. Als solchen drängt es mich, Ihnen zu schreiben. Es liegt, so scheint mir, in der Sache begründet, daß ich zunächst ganz subjektiv von mir selber spreche, um zu verdeutlichen, wie sehr die Lektüre dieser Reden mir in einer kritischen Phase meines inneren Lebens geholfen hat.
Ihre Theologie ist ja nicht eine abstrakte Theologie, die vom wirklichen Menschen weg, ja womöglich gegen den wirklichen Menschen argumentiert. Ich könnte mir denken, daß einige Ihrer Kritiker sogar bezweifeln, ob Sie im traditionellen Sinne überhaupt ein Theologe und nicht nur – oder, wie ich sagen würde, vielmehr – ein anthropologischer Denker sind. Ich darf – doch wohl in Ihrem Sinne – dazu bemerken, daß Jesus selbst sicherlich kein Theologe gewesen ist, also kein Schriftgelehrter, der die Beziehungen zwischen Gott und Mensch theoretisch behandelte. Jesus blickte zuerst auf den bedrohten Menschen in der damaligen Situation. Diejenigen, die sich seine Schüler nennen, die als seine Jünger in der Kirche wirken und lehren, sollten sie ihre Augen nicht auch zuerst auf den Menschen in seinen wirklichen Nöten, Ängsten und Zweifeln und nicht nur auf das kirchliche Klischee unserer Krisen und Konflikte richten? Sicherlich sind die meisten Kirchenmänner ehrlich davon überzeugt, daß es ihre Mission und ihre Funktion ist, ihre und unsere Augen ganz und gar auf Gott richten zu müssen; doch in Wirklichkeit haben sie, wie mir manches Mal scheint, nur ihre Lehren über Gott und ihre theologische Doktrin im Auge. Von Ihnen, Paul Tillich, sah ich mich zum ersten Male wirklich angeblickt, – obwohl ich Ihnen ja nie persönlich begegnet bin. Doch in Ihren Religiösen Reden bemerkte ich auch beim Lesen diese Richtung Ihres Blicks. Ich bin überzeugt, daß viele andere die gleiche Erfahrung gemacht haben: sie fanden sich angeblickt. Ich sage nicht: angeredet, und erst recht nicht: angepredigt, sondern eben angeblickt und wahrgenommen.

Wenn ich nun zuerst von mir, dem Angeblickten, zu sprechen genötigt bin, dann nicht etwa deshalb, weil ich Spektakuläres zu berichten hätte. Keine Rede davon! Meine Biographie an sich ist belanglos. Nichts von Krieg oder Gefangenschaft, von den extremen Situationen geschichtlicher Katastrophen. Da ist nichts, worauf ich mir womöglich noch etwas einbilden könnte, dabeigewesen zu sein. Ein Widerstandskämpfer bin ich ebensowenig gewesen. Gewiß, ich war auch ein Flüchtling. Aber wer wäre in dieser Epoche nicht so oder so zum Flüchtling, zum Depossedierten geworden? Das alles ist es nicht. Erschrecken Sie bitte nicht, wenn ich sage: ich bin einfach ein zutiefst zweifelnder, ja im Grunde ein verzweifelter, ein unglücklicher Mensch. Ich sage: einfach. Selbstverständlich ist es nicht einfach, ein zweifelnder verzweifelter Mensch zu sein. Doch ich möchte es nicht dramatisieren. Es ist mir nichts Besonderes zugestoßen. Nein, mir ist keinerlei Unrecht geschehen. Ich bin auch nicht etwa krankhaft depressiv. Ich bin für mein Alter noch ziemlich gesund und, wie mancher mir vielleicht bestätigen würde, im Leben einigermaßen erfolgreich. Auch mein Familienleben ist ein glücklich geordnetes. Es hört sich paradox an: Ich bin auf eine sozusagen natürliche Weise verzweifelt. Ich begreife nicht, wie einer in dieser Welt nicht verzweifelt sein kann. Ich bin an meine Grenze gelangt. Und wer gelangte nicht irgendwann an seine Grenze, – wer hätte nicht Angst? Ich habe Angst. Wovor habe ich eigentlich Angst? Angst, ein Versager zu sein, nicht im Beruf, – obschon ... nun, es ist ein zufälliger Beruf. Ich bin – es sei nun doch nebenbei bemerkt – ich bin höherer Bankangestellter, kurz vor der Pensionierung. Ich werde also bald viel Zeit zum Nachdenken haben. Aber das bereitet mir keine Sorge. Ich werde mich nicht langweilen. Dieses gerontologische Problem berührt mich nicht. Aber ich habe – und nicht erst heute – im Innersten Angst vor der Erkenntnis, als Mensch ein Versager zu sein. Ich habe Angst vor der Nichtigkeit, der Sinnlosigkeit, dem Umsonst, Angst vor dem Endgültigen, dem Nichts.

Ich sagte: einfach ein verzweifelter, unglücklicher Mensch, weil ich vermute, daß die meisten Menschen, sobald sie ernsthaft nachdenken über sich und ihre Existenz, gleich mir von solcher Verzweiflung heimgesucht werden. Man könnte auf den schrecklichen Gedanken kommen, daß diese Art Verzweiflung das Grundbefinden des Menschen ausmacht, daß der Mensch dazu bestimmt ist, unglücklich zu sein. Sie haben die Situation des modernen Menschen mehrfach auf eine überzeugend nüchterne Weise beschrieben, ohne daß einer die Sorge haben muß, am Ende theologisch überfahren und der Glaubensforderung konfrontiert zu werden. Die gläubigen Kirchenchristen haben ja die Antwort schon immer parat. Ich höre gewöhnlich die Antwort, bevor die Frage wirklich gestellt ist. Die Frage ist von vornherein durch die Antwort, über die man längst verfügt, umgebracht. Bei Ihnen, Paul Tillich, habe ich die Erfahrung gemacht, daß Ihnen der Ernst der Frage viel wichtiger ist als die Antwort. Oder täusche ich mich? Vielleicht habe ich es nur falsch ausgedrückt. Die ganz und gar ernst gemeinte Frage trägt, wenn ich Sie recht verstehe, die Antwort schon in sich. Nicht wahr, das heißt: die Frage ist nicht um der vorgegebenen Antwort willen da, sondern sie ist als Frage, die nicht auf eine rasche, plausible Antwort rechnet, sinnvoll in sich selbst. Gewiß, auch Sie geben Antworten; sonst wäre ja die ganze Fragerei Selbstzweck. Aber Sie erwarten nicht, daß ich mich Ihrer Antwort unterwerfe, wie es sonst zumeist von mir verlangt wird. Man wird von Ihnen nicht in Sicherheit gewiegt. Das entspräche nicht dem Wesen und der Würde des Protestantismus. Ihre Antwort ist eine Art Angebot, ein Vorschlag, eine Alternative, aber keine Forderung: dies muß man glauben. Sie lassen mir die Freiheit, Ihre Antwort nicht zu akzeptieren; und ich gestehe, daß ich von dieser Freiheit Ihnen gegenüber mehrfach Gebrauch gemacht habe. Das hat nicht etwa meinen Respekt und meine Dankbarkeit gemindert. Im Gegenteil! Halten Sie es doch sogar für erlaubt, an Jesus selber kritische Fragen zu richten.

Ich habe mir überlegt: wie weit man dabei eigentlich gehen darf. Nun, Sie haben den Mut, sehr weit zu gehen. So las ich bei Ihnen den Passus: Wir würden uns mit Haß – ja, Sie sagen, mit Haß – von Jesus und seiner Botschaft abwenden, „wenn er uns zur christlichen Religion, zur christlichen Lehre oder zur christlichen Moral bekehren wollte". Ich kann nicht leugnen, daß mich diese Unbefangenheit gegenüber Jesus zunächst erschreckt hat. Wir, die ältere Generation, wir waren es ja gewohnt, daß in der Kirche über die Lehre Jesu gepredigt und der Glaube an Jesus sowie der unbedingte kindliche Gehorsam gegenüber dem Worte Gottes gefordert wurde. Die gehorsamen Christen, die Glaubensstarken, gaben den Ton an. Wer wie ich von früh an sich mit seinen Fragen und Zweifeln herumzuschlagen hatte, wurde aber gerade durch diese Starken im Glauben, wie sie von Ihnen in einer Ihrer Reden gekennzeichnet werden, erst recht zur Verzweiflung gebracht. „Diese

Starken“, so heißt es bei Ihnen, „sind die Stützen des kirchlichen Christentums und der christlichen Gesellschaft, aber sie fordern zahlreiche Opfer unter Christen . . .“. Es sind die Sicheren, die ihrer Sache auf eine beklemmende Weise sicher sind, und die durch ihren Bekenntniseifer alle diejenigen beschämen, die nicht in gleicher Weise bekehrt sind, nicht das gleiche religiöse „Erlebnis“ gehabt haben. Ich sage es offen: mir ist kein religiöses Erlebnis, keine Christusbegegnung, keine geistliche Erkenntnis zuteil geworden, aber Fragen über Fragen haben mich heimgesucht. Heimgesucht? Nein, das klingt zu pathetisch. Die Fragen haben sich mir unausweichlich gestellt; es wäre unehrlich gewesen, ihnen auszuweichen, obwohl das alltägliche Leben, die Sorgen und Anforderungen meines Berufs mir jederzeit genug Entschuldigungsgründe geliefert haben würden, wenn ich mich mit vorgefertigten Antworten auf die bedrängenden Fragen nach der Gerechtigkeit in der Welt, nach dem Sinn des Lebens, nach dem, was Wahrheit eigentlich ist, zufriedengegeben und getröstet hätte.
Wie sehr fand ich mich da durch Sie, Paul Tillich, ermutigt, indem Sie in Ihrer, ich möchte sagen, unerhört kühnen, freimütigen Rede über die Wahrheit an Ihre zumeist wohl jungen Zuhörer appellierten: „Gebt nicht zu schnell jenen nach, die Euch von der Angst um die Wahrheit befreien wollen. Laßt Euch nicht zu einer Wahrheit verführen, die nicht wirklich Eure Wahrheit ist . . . wenn Ihr nicht mit Jesus gehen könnt, so geht mit Pilatus, aber geht dann auch im Ernst mit ihm . . . Ich – so sagen Sie – ich möchte nämlich Pilatus preisen, nicht den ungerechten Richter . . ., sondern den Zyniker und Skeptiker.“
Ich weiß, daß es jedes Mal eine riskante Sache ist, aus einem größeren Zusammenhang heraus einzelne und nun gar solche erstaunlichen Sätze zu zitieren; doch dürfte es für Sie, verehrter Paul Tillich, aufschlußreich sein, zu erfahren, an welcher Stelle Ihr Hörer, beziehungsweise Ihr Leser sich persönlich getroffen fand. Mit diesem Briefe und mit dieser Wiederholung Ihrer eigenen Worte möchte ich nichts anderes, als Ihnen bestätigen, was Ihnen sicherlich schon von manchen anderen ebenso bestätigt worden ist, daß sich hier ein Mensch, ein Zeitgenosse, in seinen Fragen, seinen Unsicherheiten, seinen Zweifeln und Ängsten verstanden sieht. Und ich meine annehmen zu dürfen, daß diese Bestätigung Ihnen wichtiger ist als das Köpfeschütteln einiger zutiefst befremdeter Theologen orthodoxer Provenienz. Sie, Paul Tillich, haben, wenn ich so sagen darf, Partei genommen für den Menschen und, ohne

besonders polemisch oder aggressiv zu sein, verteidigen Sie ihn entschieden gegen die von Ihnen so genannten „Religionisten“, gegen die Stagnationsmänner, die zuerst an die organisierte Kirche denken, an das institutionalisierte Christentum, und nicht an die Welt, zuerst an den Gott der Theologen, und nicht an den Menschen der Wirklichkeit. Bei Ihnen ist es gerade umgekehrt. Daher können Sie es auch riskieren zu sagen: „Es würde nicht der Mühe wert sein, das Christentum zu predigen, wenn es dabei nur um das Christentum ginge.“

Nicht wahr, ich verstehe Sie doch nicht falsch, indem ich Sie womöglich einseitig zitiere und interpretiere? Ich maße mir ja nicht an, eine wissenschaftliche Abhandlung über Ihr Werk zu schreiben. Ich notiere nur als Laie die spontane Reaktion eines durch Ihre Religiösen Reden persönlich Getroffenen, eines Menschen, der an seine Grenze gelangt ist und dort von Ihnen gesagt bekommt: „Gerade die Grenze ist der eigentliche Ort der Erkenntnis.“ Und Sie bekennen von sich selbst, Sie hätten es für Ihre Pflicht gehalten, immer an der Grenze zu bleiben, an der Grenze des Zeitalters und der Kategorien, nicht als Grenzwächter, vielmehr als ein Vermittler, als einer, der über die Grenze hinaus denkt und auch unsereins über die Grenze hinaus zu schreiten ermutigt.

Wieweit mir wirklich ein Schritt über die Grenze gelingt, — ich weiß es nicht; aber ich weiß nun, daß ich nicht am Ende bin, da ich an meine Grenze gelangt bin und an meiner Begrenztheit leide. Sie erlauben doch, daß ich weiterhin von mir spreche, um an mir, einer an sich beliebigen Person, zu demonstrieren, wie einem Menschen der Gegenwart durch Ihre Reden eine Ahnung von dem „Neuen Sein“ aufgegangen ist. Insofern das mit mir geschehen ist, sollte ich allerdings von mir nicht mehr als einem Verzweifelten sprechen. Es wäre aber auch zu billig, wenn ich diese Verzweiflung als etwas, was abgetan, was beseitigt ist, bezeichnete. Sie ist noch da, aber sie hat eine neue Bedeutung, ein neues Vorzeichen erhalten, nachdem ich in einer Ihrer Religiösen Reden gelesen hatte: „So kann es geschehen, daß sich denen, die ernsthaft an sich selbst und ihrer Welt zweifeln, die Dimension öffnet, die zu dem letzten Sinn alles Seins führt.“

Nicht wahr, damit ist nicht der berühmte, fast möchte ich sagen, berüchtigte Sprung in den Glauben gemeint, was doch zumeist bedeutet, daß man sich den Glaubensvorstellungen der religiösen Konformisten und ihren Wahrheiten in die Arme wirft, um sich der schmerzlichen Mühsal des Zweifels zu entledigen. Wie ich Ihnen bereits eingestand, habe ich seit je insgeheim unter dem Druck des religiösen Konformismus gelitten; ich wagte nur nicht, mich zu meinem Protest zu bekennen und unterdrückte meinen Widerwillen gegen diese Stagnationsmentalität, welche die vorhandenen Grenzen und Formen als etwas Absolutes proklamiert und sich dabei auf Gottes Autorität beruft, der sich der Mensch im Glauben, in kindlichem Gehorsam bedingungslos zu unterwerfen habe: man müsse glauben, um zu erkennen. Ich habe das niemals einzusehen vermocht und daher immer ein schlechtes Gewissen gehabt, aber auch eine gewisse intellektuelle Reizbarkeit, wann und wo auch immer von Autoritäten die Rede ist. Ich habe sehr aufmerksam studiert, was Sie über das zwanzigste Kapitel des Lukas-Evangeliums sagen, wo die Schriftgelehrten Jesus zur Rede stellen und fragen, kraft welcher Autorität er eigentlich predige. Sie, Paul Tillich, lassen dabei den damaligen jüdischen Autoritäten durchaus Gerechtigkeit zuteil werden, die, wie Sie betonen, nicht anders handelten als diejenigen, die heute von den Reformatoren behaupten, sie sprächen aus Autorität. Wir alle sind, insofern wir, wie Sie zu bedenken geben, uns als geschichtlich bestimmte Menschen verstehen, abhängig von Autoritäten, auch und gerade dann, wenn wir gegen sie rebellieren und in Konflikte zwischen den verschiedenen Autoritäten geraten. Am Schluß Ihrer, vor allem an junge Menschen gerichteten Rede wird nun nicht etwa Gott als Autorität über allen Autoritäten uns – ein wenig respektlos ausgedrückt – um die Ohren geschlagen; ohne Scheu vor Friedrich Nietzsches atheistischer Konsequenz bekennen Sie sich zu dem Gott, welcher Geist ist, und der, weil er Geist ist, keine endgültige, absolute Antwort auf die Frage nach der Autorität geben könne. Ich erinnere mich, irgendwo gelesen zu haben, daß es das Wesen des Geistes sei, sich selbst vor seiner eigenen Dogmatisierung zu bewahren. Wenn also Gott Geist ist, wenn also daher seine Autorität nicht endgültig zu definieren ist, dann werden damit alle Absolutheitsansprüche kirchlicher Dogmen und theologischer Doktrinen hinfällig; sie werden relativiert, auf ihre Vorläufigkeit reduziert. Als solche, in ihrer Bedingtheit, haben sie, die Autoritäten, freilich durchaus Anspruch auf unsere Achtung; doch sie werden immer zu messen sein an der Autorität Jesu, welche, wie es in Ihrer Rede heißt, „die Autorität dessen ist, der sich aller Autorität entäußerte".

Es ist eigentlich verwunderlich, daß das Geschrei gegen Ihre protestantische Ketzerei so gering ist. Offensichtlich sind Sie bei uns – ich meine in Ihrer alten Heimat – noch immer ziemlich unbekannt, noch immer ein – Emigrant. Andere Theologumena haben unterdessen beträchtlichen Wirbel hervorgerufen – jedenfalls unter den Experten. Sie sprechen freilich in Ihren Religiösen Reden nicht die Sprache der Experten; Sie sprechen, meine ich, so vernünftig, so unprätentiös, so frei von den vorgefertigten Formeln der Theologie. Sie pflegen, wie jemand sehr richtig beobachtet hat, einen meditativen Sprachstil; Sie polemisieren nicht. Vielleicht merkt man es deshalb nicht, wie revolutionär im Sinne des Protestantismus Ihr religiöses Denken und Reden ist; sonst müßten sich doch jene Starken des Glaubens, jene gehorsamen Stützen des institutionellen Christentums, die heute so energisch nach Autorität verlangen, zutiefst beunruhigt fühlen durch die Großherzigkeit, mit der Sie zumal den jungen Menschen zureden, es mit dem Zweifel und dem Unglauben ernst zu nehmen; denn: „Wenn ihr auch keinen Glauben habt, der sich in bestimmten Lehren oder Symbolen ausdrückt, so steht ihr doch auf festem Grund, solange ihr fest in eurer Ehrlichkeit steht."

Sie wollen es indessen Ihren Schülern damit nicht etwa leicht machen; im Gegenteil, Sie machen ihnen Mut, die Angst und das Schuldbewußtsein auf sich zu nehmen, dem keiner entgehen kann, der sich gegen Autoritäten und Traditionen auflehnt. Ich darf es bezeugen: ich kenne dieses Schuldbewußtsein und diese Angst, ich kenne sie wohl gerade deshalb, weil ich im Innersten aufgrund meiner bürgerlichen Erziehung und meines Berufes viel mehr zum Konservativen neige. Mit Reinhold Schneider darf ich von mir sagen: „Nichts wünscht ich sehnlicher, als zu verehren." Aber ich weiß und habe es mir von Ihnen in der Krisis meines Lebens bestätigen lassen, daß mir die größere Gefahr gerade von daher droht, ich meine, von der Versuchung, mich, sei es aus Angst vor der Zerrissenheit, sei es einfach aus geistiger Bequemlichkeit, oder auch – in der Erwartung des Todes – aus sogenannter Altersweisheit den religiösen Traditionen anzupassen, den Autoritäten zu unterwerfen, auf das Risiko der Grenzüberschreitung zu verzichten und den jungen Leuten den Non-Konformismus zu überlassen. Ich weiß bestimmt, ich hätte es in mancher Hinsicht leichter gehabt; ich hätte einige Freunde vielleicht nicht zu enttäuschen brauchen, als ich unter einem banalen Vorwand als Mitglied der Synode ausschied. Ich hätte mich mit den Widersprüchen in der überlieferten Gottesvorstellung und in den kirchlichen Lehren abgefunden und wäre meiner Frömmigkeit sicher gewesen; ich hätte mich womöglich an mich selbst und meine Mittelmäßigkeit gewöhnt und mich in meiner Selbstbeschränkung als Christ und Bankbeamter eingerichtet.

Nein, das wäre nicht Frömmigkeit, sondern feige Resignation gewesen. Mut zum Sein, nicht wahr, das heißt, den Mut zu haben, sich selbst zu überschreiten, die eigenen Grenzen um des Unbedingten willen, das uns unmittelbar angeht, zu transzendieren. Es ist erstaunlich, wie danach – ich meine, sobald man diesen Schritt nach vorne zu machen bereit ist – sich eine neue, tiefe Wirklichkeit aufzutun beginnt, in welcher sich eine Art Umschmelzungsprozeß vollzieht. Vieles wird dabei weggeschmolzen, eingeschmolzen.

Diese Tiefe der neuen Wirklichkeit ist das Thema einer Ihrer Betrachtungen, die mich besonders stark berührt haben. Wir waren ja bisher gewohnt, von der Höhe, von dem Gott in der Höhe zu sprechen. Bei Ihnen ist statt dessen von der Tiefe die Rede. Das überzeugt mich. Die Vorstellung der Höhe legte Gott geographisch fest. Man würde Ihre Intentionen gründlich mißverstehen, wenn man Ihnen die Absicht unterstellte, die überlieferten Begriffe durch neue Begriffe zu ersetzen. Ihre Rede von der Tiefe ist nur oder vielmehr der Versuch, eine religiöse Erfahrung zu artikulieren, ohne diese in einer abstrakten Behauptung, in einem theologischen Begriff definitorisch festzulegen. Sie möchten damit andeuten, daß Gott „der unerschöpfliche Grund alles Seins" und aller Geschichte ist, der Abgrund des Denkens, die unendliche Tiefe, in die alles ehrliche Fragen und Zweifeln hinabstößt. Sie sagen, wer von der Tiefe wisse, der wisse auch von Gott. Den theologischen Apologeten muß solche Rede zwangsläufig ein Ärgernis sein. Nicht wahr, nach orthodoxem Verständnis ist dies eine Preisgabe entscheidender dogmatischer Positionen, eine Reduktion des überlieferten Glaubens?

Gut, man mag es als eine Reduktion bezeichnen. Aber lief denn die Reformation nicht auch auf eine Reduktion hinaus? Ich glaube in Ihrem Sinne, verehrter Paul Tillich, zu sprechen, wenn ich sage, daß sich die Kraft des Protestantismus doch gerade in diesem Mut zur Reduktion bewährt, in dieser Fähigkeit, sich des theoretischen oder toten Ballastes der Vergangenheit zu entledigen. In einer anderen Rede meditieren Sie über das im Briefe an die Philipper gemachte persönliche Bekenntnis des Paulus: „Ich vergesse, was da hinten ist und strecke mich nach dem, was da vorne ist." Genauso wenig wie der Apostel optieren Sie damit für die undankbare Vergeßlichkeit, für ein ungeschichtliches

Denken, für die Unfähigkeit, sich des Vergangenen zu erinnern. Auch in diesem Zusammenhang meditieren Sie auf dialektische Weise, indem Sie sowohl das Eine wie das Andere und die Korrelation zwischen beiden Momenten bedenken. Im Blick auf den konkreten Menschen und seine religiöse Krisis scheint es Ihnen geboten, ihm, dem von kirchlichen Traditionen und theologischen Tabus belasteten Menschen, zu empfehlen, um des Neuen und Zukünftigen willen zu vergessen und sich des Vergangenen zu entledigen. In jener Betrachtung über die Tiefe, die mich in besonderem Maße bewegt, erwägen Sie daher die Möglichkeit, daß es hilfreich, ja daß es notwendig sein könne, einiges von dem, was wir über Gott gelernt haben, zu vergessen, „vielleicht sogar das Wort selbst".

Sie machen daraus kein System, keine neue Theologie. Sie bleiben immer dicht am wirklichen Menschen, Sie sind mit ihm solidarisch; Sie opfern ihn nicht einer Doktrin; ich meine in diesem Fall einer religiösen Doktrin. Indem Sie so undoktrinär, das heißt so liebevoll um den Menschen besorgt sind, treten Sie wahrhaft für die Sache Gottes ein, weil Gott nach Ihrem Verständnis das ist, was den Menschen unbedingt angeht, weil der Mensch ihn nicht umgehen kann, sofern er seine menschliche Existenz ernst nimmt und als ein ehrlich nach dem Sinn des Lebens Fragender in jene unendliche Tiefe vorstößt. Es kann sein, daß sich dieser Vorstoß in die Tiefe des Seins als Protest gegen Gott, womöglich sogar in Form der Gottlosigkeit vollzieht. Sie haben dafür nicht nur die wohlwollende Toleranz, die freundliche Nachsicht dessen, der seiner Sache, die er für die Sache Gottes hält, natürlich vollkommen sicher ist. Sie stellen dagegen in Ihrer Rede über den Mißbrauch von Gottes Namen sich selbst und allen Gliedern der Kirche, vor allem den „Sicheren", die gewiß beklemmende Frage, ob Gott uns nicht zuweilen, um den Mißbrauch seines Namens durch die Kirche zu richten, zum Schweigen über sich verurteilt. Und Sie fragen unbeirrbar weiter, ob die Gottlosigkeit in unserer Gegenwart nicht vielleicht aus Gottes Willen und „nicht nur aus menschlicher Widerspenstigkeit" herrühre. So betrachtet – in den Augen dessen, der sich der eigenen Unsicherheit bewußt ist – hat also auch der Atheismus religiöse Qualität. Damit ist freilich nicht die banale Gottlosigkeit derjenigen gerechtfertigt, die auf atheistische Weise ihrer Sache sicher sind. Sie denken dabei an alle die, die es sich in ihrer Gottlosigkeit eben nicht leicht machen, indem sie vielleicht verzweifelt nach dem Sinn des Lebens, ihres eigenen

Lebens suchen. Sogar der Zyniker leugnet Gott womöglich nur aus Angst vor der Begegnung mit der Frage nach dem Sinn. „Der Mensch kann weder in der Erkenntnis Gottes, noch in der Leugnung Gottes letztlich sicher sein“, so heißt es in Ihrer Rede; denn „unsere menschliche Situation ist Zweifel und nicht Gewißheit, gleich ob wir Gott bejahen oder verneinen.“

Nicht von ungefähr knüpfen Sie solche Erwägungen an das mosaische Verbot, den Namen Gottes zu mißbrauchen, an. Gottes Erkenntnis und Gottes Verneinung, Glaube und Unglaube sind ja nicht zuletzt auch Sprachphänomene. Wenn man religiöse Erfahrungen sprachlich artikuliert und wenn man Gott mit Namen anruft, so hat das, meine ich, auch mit Linguistik zu tun. Ausgehend von dem Gebot, das ausdrücklich und primär den Namen Gottes schützt, kommen wir also nicht umhin, das gesamte religiöse Vokabular, die Sprache der Gläubigen, unter dem Aspekt des Namensmißbrauches zu reflektieren. Daß ich persönlich, und ich nicht allein, mich durch Ihre Religiösen Reden so sehr betroffen fühle, ist besonders auf die Gewissenhaftigkeit zurückzuführen, mit welcher Sie die Begriffe der religiösen Sprache verwenden, bzw. nicht verwenden. Ich spüre Ihre Scheu vor den religiösen Vokabeln, wenn Sie etwa von Sünde und von Erlösung sprechen. Sie bedienen sich aber keiner journalistischen Tricks, wie so mancher Kanzelredner, der mit einer forciert modernen Ausdrucksweise, die aber oft nur aus modischen Phrasen besteht, kokettiert. Sie, Paul Tillich, sprechen zum Beispiel lieber von Entfremdung anstatt von Sünde und sehen in der Vergebung das, was die Entfremdung aufhebt, das Fremdsein unter den Menschen und in der Welt. Das ist kein Zugeständnis an die Diktion der marxistischen Gesellschaftslehre, wie Ihnen engherzige Kritiker vorwerfen könnten; Sie sprechen von Entfremdung, eben weil uns dieser Begriff die ganze menschliche Wirklichkeit samt aller sozialen und politischen Problematik zum Bewußtsein bringt und somit von dem moralistischen Mißverständnis dessen, was Sünde eigentlich ist, befreit. Sie legen mehr Wert auf religiöse Konkretheit als auf chemisch reine Theologie. Deswegen ist es mir möglich, Ihren Erwägungen über „das Neue Sein“ über „das Ewige im Jetzt“ und über die in der Tiefe zu suchende Wahrheit mit einer eigentümlichen Freude zu folgen. Als Sie seinerzeit aus Ihrer Heimat und aus Ihrer Nation auszuwandern gezwungen waren, sind Sie mit diesem Schritt über die Grenze auch aus der alten Sprachwelt ausgewandert. Gerade dadurch gewannen Sie aber jene weltbürgerliche

Freiheit und Souveränität, die ich selbst mir erst mühsam noch erringen muß gegen den moralischen Druck, dem ich mich in unserer mittelmäßigen christlichen Gesellschaft von seiten derer, die um die Stabilität und Sicherheit dieser Gesellschaft fürchten, ausgesetzt fühle. Freilich, damals, unter der Naziherrschaft, in der Auseinandersetzung mit den Deutschen Christen, den nationalistischen Verfälschern des Evangeliums, hatte ich meinen inneren Halt in der Bekennenden Kirche gefunden. Es war eine Verteidigungsfront evangelischer Christen; es ging um Bewahrung und um Bewährung; Stabilität, nicht Mobilität war das Gebot der Stunde. Man war gezwungen, sich dogmatisch, doktrinär zu verhalten. Heute indessen sehe ich die Freiheit, die uns das Evangelium gebracht hat, gerade durch diejenigen gefährdet, die sich ebenfalls, aber nicht mit der gleichen Legitimation, als eine Bekenntnisbewegung bezeichnen, ohne jedoch in Bewegung, es sei denn in einer Bewegung nach rückwärts, zu sein. Sie – die Bekenntnisbewegung – proklamiert „kein anderes Evangelium" als das, was sie selbst aufgrund der Tradition und Konvention darunter verstanden wissen will. Mir aber helfen, grob gesagt, nicht die alten Bekenntnisse, mich verlangt schlechthin nach dem „Neuen Sein". Mir hilft nicht der Glaube der Gläubigen; ich suche nach dem Sinn der Wirklichkeit. Ich scheue mich, hierfür den Namen dessen, der nicht unnütz genannt und vielleicht auch nicht unnütz bekannt werden sollte, zu gebrauchen. Von Ihnen, verehrter Paul Tillich, wird dieses Verschweigen – das weiß ich – richtig gedeutet ...

So weit hatte ich meinen Brief an Paul Tillich geschrieben, als von drüben, aus den USA, die Nachricht seines Todes eintraf. Ich hielt mich, einen banalen Bankangestellten, nicht für befugt, ihm, dem großen Denker und Friedenspreisträger, einen Nachruf zu widmen; mir fehlen die objektiven Voraussetzungen für eine Würdigung, die exakte Kenntnis seines so umfangreichen Werks. Doch mag es erlaubt sein, diesen Brief, der ihn nicht mehr erreicht hat, den vielen Beiträgen, die von kompetenten Autoren *in memoriam* Paul Tillichs verfaßt worden sind, als eine durchaus subjektive Äußerung hinzuzufügen. Es läßt sich daran vielleicht ein wenig ermessen, wie stark Paul Tillich durch seine Religiösen Reden als Seelsorger auf einen beliebigen Zeitgenossen gewirkt hat ... Ich stutzte eben, als ich das Wort „Seelsorger" niederschrieb. Auch dieses ist ja eine der abgegriffenen Vokabeln, die bei vielen falsche Assoziationen wecken. Paul Tillichs Reden jedenfalls sind frei von pastoraler Attitüde und frei erst recht von der Herablassung eines amtlichen Gottesdieners. Ich möchte sagen: er hat etwas Brüderliches in seiner Art oder, noch besser gesagt – und oft ist das Fremdwort das bessere: er ist mit den Menschen der Gegenwart solidarisch. Mit Solidarität würde ich als Laie mir denn auch die Haltung des Apostels Paulus zu übersetzen erlauben, der den Juden ein Jude, den Griechen ein Grieche zu sein sich vorgenommen hatte. Man könnte daher in bezug auf Paul Tillich wohl von einer apostolischen Solidarität sprechen. In solchem Geiste meine ich, sind seine Religiösen Reden verfaßt.

Peter Kreyssig

DIE FRAGE NACH GOTT IM DENKEN PAUL TILLICHS IN DER TIEFE IST WAHRHEIT

Erlauben Sie mir bitte, mit einer persönlichen Bemerkung zu beginnen. Ich bin kein Universitätstheologe, sondern ein mehr oder minder von der Hand in den Mund lebender Gemeindepfarrer. Infolgedessen kann ich aus Mangel an Überblick nicht sagen, was das Denken Paul Tillichs heute allgemein bedeutet oder bedeuten könnte. Ich kann nur anzudeuten versuchen, was es mir bedeutet. Meine Generation, die aus dem Krieg heimkehrend die Universitäten bezog, wuchs auf unter der nahezu absoluten Geltung der Barthschen Theologie, der Theologie, die schlechterdings davon ausgeht, daß Gott wirklich ist und zu uns redet im biblischen Wort. Von dieser unerschütterten Voraussetzung theologischen Denkens ausgehend, lernten wir lediglich darüber nachzudenken, was das für uns und unser Leben bedeutet. Als aber diese selbstverständliche Voraussetzung der Wirklichkeit Gottes und seiner Offenbarung unter den radikalen Fragen der modernen Wissenschaft – wie bei unzähligen Menschen auch bei uns als Theologen – zu bröckeln und zu wanken begann, hat Tillich mir sozusagen meine Daseinsmöglichkeit als Theologe und Prediger gerettet. Eines Tages war die Frage, *wie* der Mensch mit Gott in seinem Leben zurechtkommt, uninteressant für die meisten Menschen geworden, die ich kannte. Sie wollten statt dessen von uns wissen, ob es denn überhaupt verläßliche Anzeichen dafür gebe, daß Gott mehr sei als vielleicht nur eine Einbildung, ein Wunschtraum von Menschen. Ist Gott für mich irgendwie erfahrbar? fragten sie. Und wenn er nicht eindeutig irgendwo erfahrbar ist, ist er dann für mich noch denkbar? Ich halte diese beiden Fragen noch heute für beherrschende Fragen bei den meisten Menschen, die auf religiöses Denken noch nicht verzichtet haben. Ich entdeckte vor rund 20 Jahren, daß dies die Kernfrage, der Ansatzpunkt der Theologie Tillichs ist und machte mich seufzend daran, dieses schwer verständliche Zeug zu lesen, das so mit Philosophie durchsetzt war. Und Philosophie war unter Theologen meiner Generation verpönt. Gerade diese gewichtige Frage – für viele Menschen heute entscheidend – nach der Erfahrbarkeit Gottes, hat als Ausgangsfrage seiner Theologie Tillich bis zum Lebensende begleitet. In einer für Harvard für Winter 1965 vorbereiteten und nicht mehr vollendeten Vorlesungsreihe formuliert Tillich unsere Frage so: „Finden wir in unserer Erfahrung Elemente, die unbegrenzt in bezug auf ihr Sein, unbedingt in bezug auf ihren Wert, unendlich in bezug auf ihren Sinn sind, also etwas Letztgültiges, über das nichts hinausgeht und wovon alles abhängt? Die Frage – fährt Tillich fort – ist nicht, ob es etwas Derartiges im Universum gibt, sondern ob es in unserer Erfahrung gefunden werden kann." Hier wird natürlich die Frage nach Gott gestellt – nur verpackt in philosophische Terminologie. Und mit dieser Terminologie muß ich Sie nachher noch eine Weile plagen. Aber vor allem registrieren Sie bitte den Nachsatz: Die Frage ist *nicht*, ob es Gott gibt im Universum, sondern ob er in unserer Erfahrung gefunden werden kann!

Die Frage, ob es Gott gibt, hält Tillich, der sehr genau ist im Umgang mit Worten, für eine falsche Frage; d. h. sie so zu stellen, heißt schon, sein Ziel verfehlen. So gestellt, kann sie nur mit Nein beantwortet werden. Wenn der heutige Mensch von etwas sagt: „das gibt es", meint er unausweichlich damit, daß dieses Etwas existiert, und das wiederum heißt: es muß nachweisbar sein, entweder durch ein naturwissenschaftliches Experiment, oder durch logische Schlußfolgerung, die mich von einer Wirkung zurück zur Ur-Ursache und von da zur nächsten bringt – bis zur letzten möglichen Ursache, die denkbar ist. In diesem Sinne ist Gott nicht feststellbar. Im naturwissenschaftlichen Experiment erscheinen immer klare Zusammenhänge von Ursache und Wirkung. Es tauchen keine Einflüsse auf, die man nicht definieren könnte und deshalb Gott nennen müßte. Aber auch wenn man sich mit logischen Schlußfolgerungen immer weiter zurückhangelte an den Ursachen bis zu der Behauptung, mit einer Ursache müsse doch alles angefangen haben und die sei eben Gott, gelangt man nicht an ein Ergebnis, das den Namen Gott verdiente. Ein Gott, den man rückschließend von der Existenz der Welt ableiten könnte, wäre definiert als ein noch fehlender, unentdeckter Bestandteil der Welt. Dieses Sein Gottes wäre nicht unbegrenzt, es wäre an einer Seite begrenzt durch die Kausalkette „Welt". Sein Wert wäre nicht unbedingt, er würde zu einer Bedingung für das Vorhandensein der Welt gemacht. Sein Sinn wäre nicht unendlich oder ewig; er würde sich erschöpfen in den Sinnzusammenhängen einer endlichen Welt. Theologisch ausgedrückt: Wer Gott zur *Ur-*

sache alles Geschaffenen macht, zerstört seine Freiheit als Schöpfer. Die Welt wird dann auch zu einer Bedingung für Gott, nicht nur umgekehrt. Er kann nichts Letztgültiges sein, über das nichts hinausgeht und wovon alles abhängt ... So kommt Tillich zu dem Schluß: Beweisen wollen, daß Gott existiert, heißt – ihn leugnen. Den Gott, den es gibt, den gibt es nicht!

Das aber macht die Frage nach Gott erst richtig brennend. Wenn Gott nicht beweisbar im Sinne unseres heutigen Verständnisses ist, heißt das automatisch, daß dann alle sogenannte Gottes-Erfahrung auch Einbildung ist, eine bloße Behauptung, die menschlichem Wunschdenken entspringt, eine Projektion unserer Sehnsucht, wie Feuerbach gesagt hat? Wir müssen ja erkennen und zugeben, daß die nicht genügend durchdachte christliche Behauptung „Gott existiert" offenbar mit daran schuld war und ist, daß es Atheismus gibt. Tillich sieht, daß die Frage nach Gott eingespannt ist zwischen zwei Brennpunkte, zwei Pole:

Ein Gott, der aus der Wirklichkeit der Welt einfach ableitbar, d. h. beweisbar ist, ist nicht Gott im Vollsinne der Bibel. Nämlich das freie, keinen Bedingungen der Schöpfung unterworfene Gegenüber des allmächtigen und ewigen Schöpfers. In Tillichs Worten: Kein unbegrenztes Sein, kein unbedingt letztgültiger Wert, kein unendlicher, ewiger Sinn. Aber andererseits: Ein Gott, der nicht in unserer Wirklichkeit erfahrbar ist, der uns in dieser Wirklichkeit, die uns umgibt, oder durch sie hindurch nicht begegnet, ist auch kein Gott für uns. Er ist eine Fiktion, keine Realität. Und so gelangt Tillich zu seiner Gottesfrage, wie ich sie eingangs zitierte – und sie ist zugleich die Grundlage seiner ganzen Methode theologischen Denkens geworden: Gibt es Erfahrungen im menschlichen Leben, die nicht zurückzuführen sind auf den Zusammenhang von Ursache und Wirkung, nicht auf bestimmte Bedingungen des Menschen, der Geschichte, der Natur gegründet sind – in diesem Sinne gebraucht Tillich immer wieder das Wort „unbedingt" – also unbedingte Erfahrungen, philosophische Erfahrungen des Absoluten – die mit den Aussagen der Heiligen Schrift über Gott vereinbar sind; von denen man also wagen kann, von Gotteserfahrung zu sprechen. Diese Wechselbeziehung von Glaubensaussagen, die auf der biblischen Offenbarung gründen, und von Wirklichkeitserfahrung, ohne die für uns Wahrheit nicht wahr sein kann, ist für Tillich unaufgebbar: Der Schöpfer und das Geschaffene können nicht ohne Beziehung zueinander sein. Diese Wechselbeziehung, untersucht mit der Methode der Korrelation,

ist für Tillich die einzig vollziehbare Methode theologischen Denkens. Mich jedenfalls hat sie auch überzeugt.
Aber nun müssen wir inhaltlich die Frage aufnehmen, die Tillich sich stellt und zu beantworten versucht: Gibt es im menschlichen Leben Fragen, die uns vor letzte Entscheidungen stellen, hinter die man nicht weiter zurückfragen kann und die also, theologisch gesprochen, die Antwort „Gott" erfordern? Gibt es Erfahrungen, von denen man zuversichtlich sagen kann, hier begegnet uns Gott? Tillich stellt hier immer wieder drei solcher Bereiche heraus. Ich will sehen, ob ich sie wenigstens annähernd verdeutlichen kann. Es sind die Fragen nach dem Sein, nach dem moralischen Gebot und nach dem Sinn.

1. Die Frage nach dem Sein

Es ist eine Frage, die aus einem Kindermund kommen könnte und doch eine von letzter Tiefe ist. „Wie kommt es überhaupt, daß etwas ist? Wie kommt es, daß nicht nichts ist?" Ich hoffe, daß Sie richtig auf Anhieb erkennen: Das ist nicht die Frage, wie die Welt entstanden sei. Warum so und auf welche Weise. Sie liegt wohl viel tiefer. Sie fragt nach dem Anlaß, aus dem heraus überhaupt etwas ist. Warum ist nicht einfach Nichts da? Sie erkundigt sich also nach dem Sinn dessen, was es gibt in der Welt. Sie erkundigt sich nach dem Sinn des Seins-Selbst. Diese Frage ist nicht zu beantworten, indem man den Sinn irgend eines Seienden beschreibt. Sie ist nur zu beantworten, indem man sagt: Es gibt eine Macht, die stärker ist als das Nichts; eine Macht, die will, daß etwas ist; eine Macht, die das Nicht-Sein ständig überwindet und Seiendes hervorbringt. Sie steckt nicht in dem Seienden, sie ist der schöpferische Grund alles Seins. Tillich nennt sie: das Sein-Selbst. Und die Antwort der biblischen Offenbarung auf diese allgemein menschlich-philosophische Frage ist die: Das Sein-Selbst, die Macht des Seins, ist Gott. Gott wollte, daß etwas ist; er wollte, daß nicht einfach Nichts ist. Und hier liegt für ihn der eigentliche theologische Tiefsinn der Schöpfungsgeschichte. Sie beschreibt eben nicht nur, *wie* die Welt entstanden ist, in Formen, die angeblich erledigt seien durch eine Fülle moderner wissenschaftlicher Erkenntnisse. Sondern sie redet in einer Fülle symbolischer Einzelzüge von Gott, der das Sein-Selbst ist, ohne den nichts ist, was ist, von dem wir alles haben, von dessen schöpferischem Geist alles Seiende abhängt. Wenn man also diese Frage stellt: Wie kommt es, daß etwas ist und nicht Nichts; und feststellt, daß hinter dieser Frage keine Fragen mehr möglich sind, begegnet man dem, was Tillich den „ontologischen Schock" nennt: In der Frage nach dem Sein-Selbst begegnet einem die Frage nach Gott so, daß einem als Christen nur die Antwort „Gott wollte es" möglich ist. Die meisten Menschen vermeiden diese Tiefe des Fragens. Sie gehen davon aus, wie es heute so schön heißt, daß etwas ist. So entgehen sie der Frage nach Gott und der Antwort. Aber in der Tiefe ist Wahrheit – das ist Tillichs eigenes, persönliches Erleben, das ihn zum theologischen Philosophen machte. Er ließ sich von den uralten Fragen der Philosophie in die Tiefe führen – und dort begegnete er der Realität Gottes.

2. *Gott im absoluten moralischen Gebot*

Aber es gibt für ihn noch einen zweiten Weg in die Tiefe der Wirklichkeit, die zur Begegnung mit Gott führen kann: Das ist die Begegnung mit der Absolutheit des moralischen Gebots. Zunächst zu dem Wort „moralisch": Damit ist nicht die bürgerliche Moral gemeint, schon gar nicht in ihrer Einengung auf die Sexualität. Man könnte auch sittliches Gebot oder ethische Forderung sagen, wenn da nicht ebensoviel mögliche Mißverständnisse lauerten. Tillich meint mit dem absoluten moralischen Gebot, was Kant als kategorischen Imperativ beschrieben hat. Und vor allem ist damit eine menschliche Erfahrung gemeint, die jeder machen kann. Wir wissen zwar heute alle: Moralgesetze können sich wandeln. Wir wissen: sie hängen eng mit der Kultur und Geschichte eines Volkes zusammen und insofern sind sie relativ. Aber es ist nicht wahr, wie heute oft behauptet wird, daß alles relativ geworden sei und absolute moralische Forderungen nicht mehr existieren. Im alltäglichen, normalen Leben erfährt der Mensch, ob allein oder auch in Gruppen, bestimmte ethische und moralische Forderungen an sich selbst durchaus als absolute, als unbedingte Forderung. Der Fahrer, der seinen Wagen vor einer Kindergruppe weg in den Graben reißt, denkt nicht an seinen Führerschein, an Strafen, an die St.V.O., nicht einmal an sein eigenes Leben. In diese Kinder darfst du um keinen Preis hineinfahren! Diese Forderung ist in diesem Augenblick an keine Bedingung geknüpft für ihn. Sie gilt für ihn absolut – über eigene Sicherheit und eigenes Leben hinaus. Einen Zug kann ich normalerweise verpassen und den nächsten nehmen. Für den Arzt, der zu einer lebensrettenden Operation rechtzeitig da sein muß, heißt es: Ich muß ihn unbedingt erreichen! Mancher kann ein seiner Frau gegebenes Versprechen gut brechen, solange sie es nicht merkt. Aber es gibt auch Menschen, für die das in jedem Fall Verrat an ihrer Liebe wäre, auch wenn es nie herauskommt. Es gibt große und kleine Beispiele solcher Unbedingtheit, aber sie werden alle dadurch zusammengehalten, daß dieser Unbedingtheitscharakter als absolut erfahren wird: Ich kann in diesem Fall einfach nicht anders. Tue ich es doch, erlebe ich das als eine Katastrophe meines eigenen Lebens. Wenn Sie solchen Beispielen nachgehen, werden Sie darauf stoßen, daß diese Unbedingtheit des moralischen Gebots nicht mit Gesetzen, auch mit Sittengesetzen, nicht mit religiösen Begründungen oder Furcht vor den Folgen zusammenhängt, sondern daß es sich überall in solchen Erfahrungen um das Gebot handelt, das einem die Liebe diktiert. So halte ich die zehn Gebote auch für eine Zusammenstellung von Geboten, die Gott zwar tatsächlich diktiert hat – aber durch diese Erfahrung der Liebe als ein absolutes Gebot diktiert hat, nicht als ein vom Himmel gefallenes wörtliches Gesetz. So verstehe ich jedenfalls – mit Tillich – auch diesen atemberaubenden Satz aus dem 1. Johannesbrief, der zu den kühnsten Zusammenfassungen des Neuen Testaments gehört: Gott *ist* Liebe – und wer in der Liebe bleibt, der bleibt in Gott und Gott in ihm. Das Phänomen der Liebe, die unbedingte Achtung des andern Menschen als Person, das Wagnis des Vertrauens, – welche Form auch immer das konkrete Liebesangebot annehmen kann, ist jedenfalls nicht hinterfragbar. Haben Sie schon einmal eine vernünftige Antwort von irgendeinem Menschen bekommen auf die Frage, warum er liebe – jetzt, hier, den oder diese? Und deshalb sieht für Tillich dieser zweite Weg in die Tiefe der Wahrheit so aus: In der Tiefe der moralischen Forderung gilt es, die Unbedingtheit der Liebe zu erkennen und zu erfahren. Und wenn Sie nach dem schöpferischen Grund der Liebe fragen, so sehe ich auch da, wie bei der Frage nach dem Sein-Selbst, keine andere Möglichkeit als diese: Gott ist Liebe! Denn Liebe ist als wahre Liebe immer ohne Bedingungen, unbedingt!

3. Gott in der Absolutheit des Sinns

Die dritte Runde kann ich nach allem bisher Gesagten vielleicht kurz machen. Sie wirklich zu entfalten, hieße vor allem bei der Antwort, daß wir hier die gesamte Christologie Tillichs auszubreiten hätten. Das aber ist eine Aufgabe für mindestens drei Wochen Akademie. Heute kann ja nur die Aufgabe sein, an einigen Beispielen diesen Wesenszug der Tillichschen Theologie ein bißchen deutlich zu machen, wie die Frage nach Gott Anschluß gewinnt an unser Leben und umgekehrt. Der grundlegende Satz der Theologie Tillichs: Gott ist in dem, was uns unbedingt angeht, ist in der Sinnfrage leicht deutlich zu machen. Unser Leben heute hat uns diese Frage besonders nahe gebracht. Der unerhörte Aufschwung, den die Möglichkeiten des Menschen heute genommen haben, hat uns in den letzten Jahren einen kalten Schrecken eingetragen. Vor noch nicht allzulanger Zeit haben wir geglaubt, der Sinn des Lebens bestünde für den Menschen einfach darin, *daß* er seine Möglichkeiten alle entfaltet. Wir haben drauflos entdeckt, genutzt und unsere Zwecke verfolgt und waren überzeugt, daß das alles seinen guten Sinn habe und daß wir ihn dort, wo er nicht ohne weiteres sichtbar war, schon noch entdecken würden. Kurz gesagt: Wir haben geglaubt, der Sinn würde als Ergebnis unserer titanischen Bemühungen irgendwie herausspringen. Und nun haben wir außer dem ontologischen und moralischen Schock auch inzwischen den dritten erlebt, den man den teleologischen Schock nennen könnte. Wir haben auf einmal gelernt, wie zwiespältig in der Tiefe der menschlichen Möglichkeiten Erfüllung und Zerstörung des Lebens neben- und ineinander liegen. In anderen Worten: Was ist der Sinn alles dessen, was wir können, wissen und tun? Die Antwort darauf kann nicht *Ergebnis* unseres Lebens sein, sondern sie ist *Voraussetzung*. Wir müssen die Antwort wissen, um richtig handeln zu können. Sie ist wiederum nicht erst aus unseren Erfahrungen ableitbar, sondern sie muß gesetzt sein, vorher da sein, damit wir an unseren Erfahrungen nicht zugrunde gehen.

Ich habe den Eindruck, daß die Wissenschaft vom Menschen, seinen Aufgaben und Zielen heute wieder sehr offen ist für diese Erkenntnis. Sie erhebt selbst immer wieder die Forderung, die Gesellschaft müsse die moralischen und die Sinnvoraussetzungen für das Handeln der Wissenschaft schaffen. Die Gesellschaft aber verläßt sich weitgehend noch immer darauf, daß die Wissenschaft ihr das als Ergebnis ihrer anthropologischen Forschung schon noch liefern werde. Der Teufelskreis macht uns alle mit Recht hochgradig nervös.

„Wer bin ich, was soll ich, wozu bin ich da?" Das treibt heute jeden, vor allem die Jungen unter uns, um. Wo aber gibt es eine Antwort darauf? Wir alle spüren: Sie ist uns nicht verfügbar. Es ist logisch: Die

Bedingungen des Menschseins können nicht erst das Ergebnis unserer Versuche sein, Menschen zu werden und zu bleiben. Die Frage nach dem Sinn ist also ebenfalls eine unbedingte, d. h. nicht an Bedingungen geknüpfte Frage. Sie geht uns unbedingt an! Sie ist nicht hinterfragbar. Sie gehört zu den letztgültigen Fragen. Und darum begegnet man auch in der Sinnfrage Gott. Wer die Frage nach dem Sinn seines Lebens stellt, stellt sich der Frage Gottes an ihn. Die Antwort, sage ich, liegt für diesen Bereich in der Christologie. Ganz einfach gesagt: Unser christlicher Glaube sieht die einzige Hoffnung für dieses Dilemma des Menschen in dem Glauben, daß Gott uns die Sinnfrage in der Person Jesu Christi im Prinzip schon beantwortet hat: Die Menschlichkeit des Menschen, das Neue Sein, wie Tillich es nennt, ist uns in der Person Jesu Christi schon vor Augen. Sie ist uns offenbart! Und damit zugleich der Sinn unseres Daseins: Wir können und sollen hineinwachsen in die Menschlichkeit Jesu Christi, als Einzelne, als Gruppen und Völker, als die Menschheit. Die Antwort Gottes auf die Sinnfrage ist also nicht eine Lehre, keine Methode religiösen Lebens, kein ethisches System, kein philosophischer Begriff, sondern ein lebendiger, konkreter Mensch. Er ist der Weg, die Wahrheit, das Leben — der Weg, der in Wahrheit zum Leben führt. Das ist in meinen Augen die beste Definition für das Wort „Sinn", die es gibt.

Ich konnte zunächst nicht mehr tun, als Ihnen den methodischen Ansatz dieses Denkens vorzustellen und ein paar Schneisen anzudeuten. Sein wesentliches Merkmal ist eben die Kühnheit, aller theologischen Tradition zum Trotz, nicht mit dem Satz anzufangen: Gott ist, und von dort aufzubrechen in Richtung der Lebenswirklichkeit des Menschen, — sondern bei den Fragen des Menschen anzufangen. Hoffentlich haben Sie auch die theologische Überzeugung mit herausgehört, die in diesem Ansatz steckt und für ihn entscheidend ist. Es sind nicht einfach die Fragen der Menschen, die zu den Antworten Gottes führen. Sondern eben dieser Gott ist schon in den Fragen. Er ist in dem, was uns absolut angeht. Er ist nicht nur in religiösen Fragen, er ist auch in den kritischen und zweifelnden Fragen, die uns in die Tiefe unseres Selbst hineinführen. In dieser Theologie steckt ein tiefer Glaube an die rettende Nähe Gottes zum Menschen. Tillich wird nicht müde zu sagen, daß Gott uns näher ist als wir uns selbst. Er ist so in einer lebenslangen Auseinandersetzung mit Karl Barth, mit dem ihn mehr verbindet, als man denkt, zu einem sehr gegensätzlich wirkenden Ausdruck seines theologischen Denkens gelangt. Dem Gottesbegriff Barths, in dem Gott, der Unerreichbare, ganz anders ist und bleibt, setzt er die Überzeugung entgegen, daß alle geschaffene Wirklichkeit unter der Oberfläche ihrer Gottesferne in der Tiefe teilhat an dem schöpferischen Grund, dem sie entstammt. So sucht er ihn nicht in der Höhe über aller Wirklichkeit, sondern in ihrer Tiefe – und in Beziehung zu allen Bereichen des Lebens, in Natur und Geschichte, im Dasein des Menschen. Diese letzten Überlegungen sind wichtig für das Verständnis von Paul Tillichs theologischer Methode, der Methode der Korrelation. Ich darf hier ein wenig aus dem 1. Band der Systematischen Theologie (S. 14 ff.) zitieren; es sind Sätze, die heute noch nicht gegenstandslos geworden sind. „Die heutzutage in neuorthodoxen Kreisen Mode gewordene summarische Verurteilung der theologischen Arbeit der letzten beiden Jahrhunderte ist grundverkehrt, wie Barth selbst das in seinem Buch ‚Die protestantische Theologie im 19. Jahrhundert' festgestellt hat. Trotzdem ist es notwendig, von Fall zu Fall danach zu fragen, ob die apologetische Methode (wie Tillich die seine auch nennen kann) die christliche Botschaft aufgelöst hat oder nicht. Es geht weiter darum, eine theologische Methode zu finden, bei der Botschaft und Situation auf eine solche Weise aufeinander bezogen sind, daß keine von beiden beeinträchtigt wird ... Das folgende System ... sucht die Fragen, die in der Situation enthalten sind, mit den Antworten, die in der Botschaft enthalten sind, in Korrelation zu bringen. Es leitet die Antworten *nicht* aus den Fragen ab, noch gibt es Antworten, die nichts mit der Frage zu tun haben. Es setzte Fragen und Antworten, Situation und Botschaft, menschliche Existenz und göttliche Selbstoffenbarung in Korrelation" d. h. in Beziehung zueinander.

Man muß hier deutlich klärend sagen, daß für Tillich diese Korrelations-Methode selbst eine theologische Aussage ist. Ich habe sie vorhin in der Form wiedergegeben, daß „Gott selber auch schon in den Fragen ist". Das bedeutet, daß die Methode Tillichs eingestandenermaßen eine Methode „innerhalb des theologischen Zirkels" ist. Man könnte sie in diesem Sinne eine offenbarungsgläubige Methode nennen, weil sie von dem Apriori, d. h. der Voraussetzung des Glaubens ausgeht, daß es – in Tillichs eigenen Worten – einen „Identitätspunkt zwischen dem erfahrenden Subjekt und dem Unbedingten" gibt. Tillich fährt fort (S. 16): „Und wenn im Verlauf eines wissenschaftlichen Prozesses dieses Apriori entdeckt wird, ist seine Entdeckung nur darum möglich, weil es von Anfang an darin gegenwärtig war. Das ist der Zirkel, dem kein Religionsphilosophe entgehen kann. Und es ist keineswegs ein *circulus vitiosus,* denn jedes Verständnis geistiger Dinge ist zirkulär." Für den Theologen ist dieser Zirkel sogar noch enger, weil zu diesem „mystischen Apriori" das Kriterium der christlichen Botschaft hinzutritt. Er betritt ihn als ein Glied der Kirche, bestimmt durch die Tradition ihres theologischen Selbstverständnisses und mit der Aufgabe, sie immer neu und kritisch zu erfüllen; d. h. er will die christliche Botschaft mit Hilfe seiner Methode auch allgemeingültig begründen. Er gibt also den Anspruch des Glaubens, die vollste und letztverbindliche Aussage über die menschlichen Fragen und die Antworten der Botschaft zu machen, gerade nicht auf! Soviel noch zu dem häufigen Anwurf mißtrauischer Leute, die von Tillich nur gehört haben, er löse Theologie in Philosophie auf!

Dem wäre nun noch wenigstens ein kurzer Abschnitt über die Sprache hinzuzufügen, in der Tillich von Gott zu reden versucht. Hier haben viele seiner kirchlichen Leser Schwierigkeiten mit ihm, denn sie werden verunsichert durch seine Weigerung, im Verfolg der jüngeren theologischen Tradition, die personalistisch denkt, nur in personalen Ausdrükken von Gott zu reden. Tillichs Sprache ist gekennzeichnet von der gleichen Dialektik, die in seiner Methode wirksam ist. Ich versuche, das in einer sehr groben und abkürzenden Darstellung einsichtig zu machen. Wir haben am Anfang davon gesprochen, daß Gott aus der geschaffenen Wirklichkeit als ihr Schöpfer nicht rückwirkend abzuleiten sei, weil so Gott als eine bloße Extension der Wirklichkeit und nicht als ihr schöpferischer Grund, der zugleich auch ein Abgrund ist, erschiene. Andererseits aber hat alles Geschaffene in der Tiefe seines Seins Anteil an Gott als seinem schöpferischen Grund und kann auf ihn hinweisen. Die Wirklichkeit hat also Anteil am Sein-Selbst, aber sie kann es niemals umfassend und darstellend verkörpern. Das gilt natürlich auch von der Sprache, die von der Wirklichkeit lebt, die uns umgibt, und sehr wohl auch etwas von dem schöpferischen Grund zum Ausdruck bringen kann, der diese Wirklichkeit trägt. Sprache ist also nicht nur „Bezeichnung" von Realem – das ist ihr ein Pol. Sie kann auch Ausdruck sein, sogar für das Sein-Selbst (Gott), das alles Geschaffene menschlich transzendiert.

Aber obwohl die Sprache auf das Absolute, auf das Sein-Selbst, auf Gott hinweisen und es zum Ausdruck bringen kann, kann sie ihn nie *voll* in seinem Sein erfassen und zum Ausdruck bringen. Deshalb kann die Sprache auf der begrifflichen Ebene nur dialektisch und auf der Ebene des Ausdrucks nur symbolisch von Gott reden. Was ist damit gemeint?

1. Nach Tillich gibt es nur eine Aussage über Gott, die eine nichtsymbolische, d. h. über sich selbst hinausgehende Aussage ist und keiner dialektischen Ergänzung bedarf. Und das ist der Satz: Gott ist das Sein-Selbst. Dieser Satz meint, was er sagt, direkt und eigentlich. Über diese Aussage hinaus kann allerdings nichts über Gott als Gott gesagt werden, was nicht symbolisch ist.

2. Symbolisch ist jede konkrete Aussage über Gott, weil sie einen begrenzten Ausschnitt endlicher Erfahrung benutzt, um über das Unendliche etwas auszusagen. Dieser Ausschnitt wird bejaht als der geeignete Träger für eine auf Gott sich beziehende Aussage. Er wird zugleich verneint als Begriff; denn er vermag die Fülle des Seins-Selbst niemals voll zum Ausdruck bringen. Er weist auf sie hin und ist als solcher Hinweis in seiner Konkretion unentbehrlich, nicht durch ein beliebiges anderes Wort zu ersetzen. Aber er meint immer mehr, als er begrifflich zu sagen vermag. Nehmen wir als erläuterndes Beispiel das Wort Vater (heute vormittag in der Diskussion schon erwähnt). Gott ist nicht unser Vater in dem biologischen oder soziologischen Sinne, den das Wort Vater für uns hat. Dennoch ist das Wesen der Väterlichkeit eine unaustauschbare Beschreibung des Verhältnisses, das Gott zu seinen Menschen hat.

3. Das gilt in einem weiteren Sinne nun auch für das Symbol „Persönlicher Gott". Ich darf hier wieder einmal zitieren (aus der System. Theologie Band 1, S. 283): „*Persönlicher Gott* bedeutet *nicht*, daß Gott eine Person ist. Es bedeutet, daß Gott der Grund alles Personenhaften ist und in sich die ontologische Macht des Personenhaften trägt. Er ist nicht „eine Person", aber er ist auch nicht weniger als eine Person. So sollte nicht vergessen werden, daß die klassische Theologie den Begriff ‚*persona*' für die trinitarischen Hypostasen gebrauchte (ich erläutere: für bestimmte Formen der Selbstoffenbarung Gottes), nicht aber für Gott selbst. Gott wurde erst im 19. Jahrhundert eine Person im Zusammenhang mit Kants Unterscheidung der durch physikalische Gesetze beherrschten Natur und der durch moralische Gesetze beherrschten Person. Der übliche

Theismus hat Gott zu einer himmlischen, ganz vollkommenen Person gemacht, die über Welt und Menschheit thront. Der Protest des Atheismus gegen eine solche höchste Person ist berechtigt. Es gibt keine Anzeichen für ihr Dasein, noch kann sie jemanden unbedingt angehen. Gott ist nicht Gott ohne universale Partizipation. Das Symbol ‚Persönlicher Gott' ist irreführend." Das klingt hart. Aber es ist kennzeichnend für das Anliegen der Tillichschen konsequenten Dialektik. Sie sehen das an dem vorletzten Satz des Zitats: Gott ist auch universale Partizipation. Er ist nicht nur schöpferische Macht der Individuation, die Individuen von höchster personaler Zentriertheit schafft. Er ist auch die Macht, die als „unpersönliche" Macht des Lebens, als geistige Macht in überpersonalen Bewegungen der Geschichte, ja an organischen und anorganischen Substanzen teilhaben und in ihnen zum Ausdruck kommen, symbolisch zu Wort kommen kann. Unter der Vorherrschaft des theologischen Personalismus ist das Gespräch mit der Naturwissenschaft abgerissen.

Für die gesamte theologische Interpretation, die Tillich dem Begriff des „Heiligen" als dem, was Gott gehört, zu geben weiß, ist dieser Gedanke der Partizipation grundlegend: Alles – auch die unbelebte Natur – kann dadurch, daß es Anteil an der Wirklichkeit Gottes in diesem Sinne der Partizipation bekommt, zum Ausdruck des „Heiligen" werden. Für einen im obigen falschen Sinn als „Person" gedachten Gott ist diese Interpretation absurd, obwohl sie in vielen Zügen – vor allem des Alten Testaments – eminent biblisch ist (man denke an die alttestamentlichen Theophanien: Dornbusch, Bundeslade etc.).
Auch die Erfahrung des Heiligen, d. h. die spezifisch religiöse Erfahrung ist natürlich für Tillich ein Weg konkreter Gotteserfahrung. Er knüpft in seiner Analyse des Heiligen, d. h. dessen, was einem Gegenstand, einem Lebewesen, einem Ereignis den Charakter des Heiligen verleiht, bei den Erkenntnissen an, die er von Rudolf Otto in der gemeinsamen Zeit in Marburg in den zwanziger Jahren gewonnen hat – der Erfahrung des Numinosen, des *tremendum et fascinosum* zur näheren Deutung dessen, was für ihn im Religiösen das Ergriffensein durch das Unbedingte besagt. Die Zeit erlaubt nicht, auf dieses alles auch nur annähernd einzugehen. Es würde längere Ausführungen über den Gebrauch des Wortes Religion bei Tillich und die darin verfloch-

tenen Dimensionen des Ästhetischen und der Kultur notwendig machen, die ich jetzt und hier nicht leisten kann. Ich bitte, mich mit den gegebenen Hinweisen begnügen zu dürfen und eventuelle Vertiefungen der Diskussion zu überlassen. Lassen Sie mich aber abschließend auf eine Denkstruktur hinweisen, die in allen diesen Bereichen des Seins, des Sollens, des Sinns wie dem des Heiligen gemeinsam ist und die von grundlegender theologischer Bedeutung ist — gerade heute.

In einer Zeit wie der unseren, die vom Zweifel an der Erkennbarkeit des Absoluten durchsetzt ist und unter der Relativierung aller Ansprüche des bisher Geltenden leidet, steht die Frage nach der Gewißheit, der Eindeutigkeit und Verifizierbarkeit solcher absoluten, d. h. Gottes-Erfahrungen weit vorn. Lassen Sie mich dieses Problem noch ein Stück weit erörtern. Ich wähle das, was Sie vermutlich am meisten angefochten hat: das von der moralischen Forderung im Beispiel des Autofahrers, der nicht in eine Kindergruppe hineinfahren kann. Andere können es doch, könnte man entgegenhalten. Ist das keine Relativierung? Nein — auch absolute Forderungen können abgelehnt und nicht befolgt werden. Der Ungehorsam hebt das Gebot nicht auf. Dennoch würde Tillich zugeben, daß in der Erfahrung eines Gebots als absoluter Forderung relative Elemente enthalten sind, die eine persönliche Entscheidung nicht ersparen und den Wagnischarakter des Gehorsams nicht auflösen. Dennoch ist der Charakter der konkreten moralischen Pflicht absolut — in der subjektiven Erfahrung. Wer sie als solche anerkennt, kann sie nicht aus sekundären Begründungen ableiten. Wir stoßen auf diese Tatsache bei Menschen, die als einzige Erklärung sagen müssen: Ich konnte nicht anders. Es ist damit angesprochen die Erfahrung dessen, was die Bibel „Wille Gottes" nennt.

Mit diesem Absolutheitscharakter wird nicht geleugnet, daß die konkreten Inhalte einer solchen Forderung relativ sind. Die Gründe dafür sind offensichtlich:

1. a) Konkrete Situationen wechseln. Sie gleichen einander nie ganz und verändern so den Gehalt.
   b) Geschichtliche Änderungen (Erweiterungen des Bewußtseins) können neue Dimensionen schaffen und alte Inhalte obsolet machen (Beispiele: Neue ethische Inhalte im Verkehr!).

c) Die Räume sind verschieden, d. h. Gruppen, Kulturen, Religionen, die das Gewissen z. B. formen.

2. In jeder moralischen Entscheidung sind Konflikte zwischen verschiedenen Pflichten möglich (Der Autofahrer kann selbst Kinder im Wagen haben).

3. Der dritte relative Faktor ist die Relativität des Gewissens in bezug auf seine Inhalte. Es kann z. B. Gebote verinnerlichen, die keine absolute Geltung beanspruchen dürfen und die sozialen und kulturellen Relationen unterliegen.

Dennoch gibt es neben der Erfahrung des moralischen Imperativs als einer unbedingten Erfahrung auch inhaltliche Prinzipien, die absolute Geltung beanspruchen dürfen, obwohl sie auch eine relative Seite haben, die für ihren Bezug zur Wirklichkeit konstitutiv ist. Ich nenne einige:

1. Das Prinzip, jede Person als Person anzuerkennen, hat unbedingte Geltung. Sein Inhalt ist zunächst negativer Art: Das Verbot, eine Person als Ding zu behandeln. Das scheint wenig. Doch ist in diesem Wenigen der Kern des Prinzips der Gerechtigkeit enthalten. Es ist ein universales Prinzip, das für jeden Menschen in jedweder Situation gültig ist: Der Gleichheitsanspruch auf Gerechtigkeit.

2. Weitere Elemente dieser Gerechtigkeit sind:
   a) die distributive Gerechtigkeit, die in der konkreten Situation jedem das Seine zu geben hat.
   b) die schöpferische Gerechtigkeit, die Rechtschaffenheit des Alten Testaments. Sie ist mehr als die prinzipielle Anerkennung des anderen als Person und mehr als die proportionale oder distributive Gerechtigkeit: sie verwandelt den anderen, erhebt ihn in einen höheren Stand, sie gibt immer mehr, als ihm zukommt.
   c) Die Vollendung und Zusammenfassung aller Gerechtigkeit ist die neutestamentliche *Agape*. Sie ist das absolute moralische Prinzip, nach dem wir fragten. Warum sie das ist, muß vielleicht jetzt nicht nochmals einzeln dargelegt werden. Sie ist die Macht, welche die Aufopferung der eigenen Person und die Hingabe des eigenen Lebens noch als Gerechtigkeit, als deren letzte Erfüllung erkennen läßt. Ihr Geheimnis ist, daß sie in ihrer absoluten unbegründbaren Geltung zugleich auch konkret und schöpferisch ist.

Ich zitiere abschließend Tillich: „Die Mischung aus Absolutem und Relativem gibt der moralischen Entscheidung ihre Größe und setzt sie Gefahren aus. In ihr ist die Würde und die Tragik des Menschen begründet, seine schöpferische Freude und die Qual über seine Verfehlungen. Deshalb sollten wir nicht versuchen, der Entscheidung auszuweichen, weder in Willkür ohne Norm, noch in Sicherheit ohne Freiheit." (Ges. Werke, Ergänz. u. Nachlaßband IV, S. 59.)
Dieses Problem zieht sich durch alle Erfahrungsbereiche des Absoluten. Es kann denkend erfaßt und beschrieben werden, zeigt sich aber in der konkreten Erfahrung unlösbar verhaftet mit relativen Elementen der Wirklichkeit, die als Haltung des erfahrenden Subjekts erfordern, was die Bibel Glaube nennt. Dieser Glaube stellt sich dem Ärgernis, daß das Absolute nur in Relationen, das Ewige nur in der Zeit erscheint und im Relativen glaubend erfahren werden kann. Dieses Ärgernis ist nicht zu beseitigen ohne zerstörerische Folgen für den Menschen. Der Theologe erkennt hier den Kern des christlichen Glaubens: Das alles besagt doch, daß auch Gott als die Macht des Personenhaften nur im Menschlichen erscheinen und dort erfahren werden kann: in einem konkreten, geschichtlichen Menschen. Es ist der Kern der Christologie, der diesem in philosophischer Terminologie auftretenden System des Denkens zugrunde liegt: Das göttliche Geheimnis der Inkarnation, der Kreuzigung und Auferstehung. Diese Gotteslehre ist traditionelle, orthodoxe Theologie und Christologie, wenn auch im Gewand einer Sprache, die aus der Methode der Korrelation entstanden und durchgebildet ist. Daß dieses letzte, nicht mehr zu beseitigende Ärgernis dieses Denksystems das paulinische *Skandalon* des gekreuzigten Christus ist, zeigt, wie sehr der Philosoph Tillich im theologischen Zirkel zutiefst und persönlich verwurzelt ist.

Andreas Rössler

DAS SYMBOLVERSTÄNDNIS PAUL TILLICHS IN SEINER BEDEUTUNG FÜR DIE KIRCHLICHE PRAXIS

1. *Zum Thema*

In der Theologie Paul Tillichs spielt das Problem des Symbols eine große Rolle. Nicht zufällig wurde viel darüber geschrieben.[1] Die besondere Bedeutung von Tillichs Symbolverständnis liegt darin, daß für ihn das Symbol sozusagen das Vorzeichen ist vor jeder einzelnen religiösen Aussage, also vor jedem Reden über Göttliches, Transzendentes, den Sinn unseres Daseins Betreffendes. Mit kritischem Unterton wurde gesagt, Tillichs Symbolbegriff sei ein Schlüssel, der in viele Türen paßt.[2] In Wirklichkeit aber ist der Symbolbegriff ein Schlüssel, mit dessen Hilfe Tillich die gesamte religiöse Überlieferung, jede Glaubensäußerung und damit auch die kirchliche Verkündigung aufschlüsseln und erschließen will. In Tillichs Symboltheorie geht es also darum, daß bei unserem Verständnis religiöser Sprache und religiösen Lebens, etwa auch biblischer Texte, die Weichen richtig gestellt sind. Es soll hier nicht von vorneherein zu Mißverständnissen kommen. Das Ärgernis, das die christliche Botschaft nach dem neutestamentlichen Zeugnis bedeuten kann,[3] darf nicht an die falsche Stelle gerückt werden. Insofern ist das Problem des Symbols außerordentlich bedeutsam nicht nur für die Theologie, sondern auch für den gelebten Glauben und die kirchliche Praxis.

„Kirchliche Praxis" soll im folgenden verstanden werden als die konkrete, situationsbezogene Darstellung und Mitteilung des christlichen Glaubens durch die Kirche. Kommunikation der christlichen Botschaft, Zeugnis von ihrem Glauben und damit von ihrem Herrn, ist und bleibt die hauptsächliche Aufgabe der Kirche. In der kirchlichen Praxis findet eine wechselseitige Kommunikation statt zwischen dem, der die Botschaft von Jesus Christus vermittelt, und dem, der sie aufnimmt. Da sich bei solcher Kommunikation immer wieder Mißverständnisse ergeben, die dann mühsam auszuräumen sind, soll wenigstens der Charakter religiöser Aussagen nicht im vorhinein mißverstanden werden.

In eben dieser kirchlichen Praxis ist nun Tillichs Behauptung, religiöse Aussagen seien symbolisch aufzufassen, umstritten. „Religiöses Symbol" ist teilweise geradezu ein Reizwort. Im folgenden soll Tillichs Symboltheorie vor allem von dem Echo und den Auswirkungen her bedacht werden, die sie in der kirchlichen Praxis findet. Zuvor aber ist eine Kurzinformation darüber geboten, was Tillich unter religiösem Symbol versteht.

2. *Kurzinformation zu Tillichs Symbolverständnis*

a) Symbol heißt ganz allgemein: etwas steht für etwas anderes, etwas drückt etwas anderes aus oder weist auf etwas anderes hin.[4] Das Symbol vertritt das, was es symbolisiert.[5]

b) Damit sind auch schon die beiden Grundkomponenten des Symbols angedeutet: das Symbolmaterial und der Symbolgehalt; einerseits das, was dargestellt oder gesagt ist, andererseits das, was dadurch angezeigt oder damit gemeint ist. Vordergrund des Symbols ist der Ausdruck, die Darstellung als solche, Hintergrund ist der tiefere Sinn.

c) Man wirft Tillich gelegentlich einen zu weiten Symbolbegriff vor. Nur bei nichtsprachlichen Phänomenen solle man von Symbol reden.[6] Aber das sind Definitionsfragen, über die wir uns nicht zu streiten brauchen. Für Tillich jedenfalls gibt es sprachliche und nichtsprachliche Symbole. Der springende Punkt ist immer dies, daß eines ein anderes vertritt. Zu den nichtsprachlichen Symbolen zählen etwa die Sakramente (die allerdings auch eine sprachliche Seite haben).

d) Der Gegensatz zum sprachlichen Symbol (und im folgenden fassen wir vor allem das sprachliche Symbol ins Auge) ist der Begriff, die direkte Aussage. Symbolische Sprache ist indirekt, nicht unmittelbar. Nun kann allerdings auch ein Begriff als Symbolmaterial dienen und damit symbolisch gebraucht werden. Streng genommen sind Symbol und Begriff keine fest fixierten Sprachgestalten, sondern Funktionen. Man kann im Grunde nur zwischen symbolisch und nichtsymbolisch gebrauchter Sprache unterscheiden.

e) Tillich stellt nun die Grundthese auf: Religiöse Sprache ist immer symbolische Sprache. Von Gott, von Absolutem, von Unbedingtem kann man nur im Bild, nur im Gleichnis reden. Tillich teilt diese These mit manchen anderen Theologen, aber wenige haben sie so rigoros und konsequent vertreten wie er.

f) Freilich muß diese Grundthese vom „Gleichnischarakter aller Gotteserkenntnis"[7] und aller religiösen Sprache sofort nach zwei Seiten hin qualifiziert werden.

Zum einen ist zwischen religiöser und theologischer Sprache zu unterscheiden. Die Theologie beschäftigt sich mit den religiösen Symbolen, ihre Sprache ist also nicht symbolisch, sondern begrifflich. Theologische Reflexion kann aber auch gelegentlich in unmittelbar religiöses, „prophetisches" Reden übergehen; dann wird sie symbolisch.
Zum anderen ist die These vom symbolischen Charakter der religiösen Sprache dahingehend zu präzisieren, daß alle *konkreten* religiösen Aussagen bildlich, gleichnishaft zu verstehen sind, daß es aber auch nichtsymbolisches, direktes, begriffliches Reden von Gott gibt.[8] Und zwar dann, wenn nichts Bestimmtes über Gott ausgesagt wird, sondern wenn einfach der Horizont des Redens von Gott, also die Dimension des Unbedingten angegeben wird. Sätze wie „Gott ist das Sein-Selbst" und „Gott ist das, was uns unbedingt angeht" sind nichtsymbolische Aussagen, sofern mit Ausdrücken wie Sein-Selbst, Unbedingtes, Macht des Seins nichts Inhaltliches über Gott gesagt wird, sondern einfach die transzendente Dimension bezeichnet wird.[9] Wie diese Dimension dann inhaltlich zu füllen ist, was also der „Charakter" Gottes ist, das ist ja erst noch die Frage, die von der Offenbarungserfahrung her zu beantworten ist. So finden wir hier die Grundstruktur von Tillichs Denken: die Korrelation von Frage und Antwort. Das begriffliche, nichtsymbolische Reden von Gott enthält eigentlich nichts als eine Frage. Nämlich die Frage: was ist nun wahrhaft unbedingt, was ist nun der Charakter des Sein-Selbst? Das symbolische Reden von Gott antwortet auf diese Frage, indem es ganz Bestimmtes, Konkretes über Gott sagt, etwa: „Nichts kann uns scheiden von der Liebe Gottes", „das Wort ward Fleisch", „wie sich ein Vater über seine Kinder erbarmt, so erbarmt sich der Herr über die, die ihn fürchten".[10]
Zusammenfassend läßt sich die Korrelation von begrifflichen, die Dimension bezeichnenden, und von symbolischen, konkreten Aussagen über Gott so beschreiben: jedes religiöse Symbol setzt eine Horizontangabe voraus, und jede solche Horizontangabe sucht in einem Symbol

ihre Klärung. Symbolisch von Gott zu reden heißt, raumzeitlich, menschlich von ihm zu reden. Irgendwelche irdischen Personen, Vorgänge, Gegenstände oder Ideen werden auf das Ewige bezogen. Dazu sind wir berechtigt, wenn Irdisches grundsätzlich transparent sein kann für Ewiges; christlich gesprochen: wenn sich Gott der Schöpfer in Jesus Christus uns Menschen zugänglich und verständlich werden ließ.

3. Wahrhaftigkeit

Die wichtigste Wirkung von Tillichs Symbolverständnis auf die kirchliche Praxis ist eine beglückende Befreiung: Als Christen können wir uns Wahrhaftigkeit leisten! Unser Glaube läßt sich mit unserem Wahrheitsbewußtsein vereinbaren. Wir brauchen keine Absurditäten zu akzeptieren, wir brauchen nicht unsere Vernunft zu opfern. Auch in Glaubensfragen dürfen und sollen wir die uns von Gott geschenkte Vernunft gebrauchen.

Ein symbolisches Verständnis der religiösen Sprache ist unentbehrlich, um den Glauben vor einem Abgleiten in den Aberglauben zu bewahren.[11] Nehmen wir einige Beispiele: Aussagen im apostolischen Glaubensbekenntnis wie die von der Jungfrauengeburt, der Höllenfahrt, der Himmelfahrt und der Wiederkunft Jesu Christi brauchen nicht wörtlich, nicht „literalistisch" verstanden zu werden. Sonst wäre Jesus gar kein echter Mensch gewesen, sondern ein Halbgott, und ein Weltbild mit den drei Stockwerken Erde, Himmel und Hölle wäre eine Voraussetzung des christlichen Glaubens. Diese Aussagen sind vielmehr Gleichnisse, Bilder mit einem tieferen Sinn: sie versuchen, mit den Denkmitteln einer vergangenen Zeit, die Einzigartigkeit Jesu, seine Gottverbundenheit auszusagen.

Symbolismus, nicht Literalismus – das ist die Devise! Religiöse Aussagen sind nicht wörtlich, sondern bildlich gemeint. Sie weisen über ihre Aussageformen hinaus auf einen tieferen Grund, auf das Geheimnis unserer Wirklichkeit. Tillich stimmt hier mit Bultmanns Programm der „Entmythologisierung" überein: Der „Mythos", nämlich die an ein vergangenes Weltbild geknüpfte Göttergeschichte, in der Ewiges in massiver, handgreiflich irdischer Weise dargestellt ist, bedarf der Übersetzung in heute verstehbare Symbole. Im Unterschied zu Bultmann macht Tillich energisch klar: So nötig eine „Entliteralisierung" ist, so

unmöglich ist eine „Entsymbolisierung". Ohne Symbole kommen wir in unserem Reden von Gott nie aus, aber wir müssen das Symbol in seinem Symbolcharakter durchschauen und verstehen.[12]
Durch diese Symboltheorie haben wir einen freien, offenen, unbefangenen Zugang zur biblisch-christlichen Überlieferung. Dabei sind wir nicht an das Gesetz irgendeiner Weltanschauung gebunden, die wir vorweg zu akzeptieren hätten.

4. *Vorwurf der Unwahrhaftigkeit*

Freilich ist dem symbolischen Verständnis der religiösen Sprache vorgeworfen worden, hier sei Unwahrhaftigkeit im Spiel, hier würden mit Arglist alle noch so abwegigen religiösen Aussagen so uminterpretiert und hingedreht, daß die Kirche dann schließlich doch immer noch recht behält. Man ziehe sich im Zweifelsfall darauf zurück, daß es wenigstens „symbolisch" stimmt. Ist die Symboltheorie ein Köder, um auch das Unglaubliche schmackhaft zu machen? Wird hier mit Taschenspielertricks gearbeitet? Wird hier, wenn religiöse Aussagen nicht für bare Münzen genommen werden, Falschmünzerei betrieben? Der amerikanische Philosoph Walter Kaufmann hält Tillich entgegen, „daß es aber auch keinen Unsinn gibt, von dem sich nicht sagen ließe, symbolisch gesehen sei er wahr – insbesondere, wenn seine symbolische Bedeutung nicht erklärt wird".[13] Was läßt sich dann etwa noch zu den römisch-katholischen Dogmen von der unbefleckten Empfängnis und der leiblichen Himmelfahrt der Maria kritisch sagen, wenn sie sich schließlich auch symbolisch interpretieren lassen? Wo kann man da noch eine Grenze ziehen?[14] Man muß diesen Vorwurf ernstnehmen, weil hier in der Tat eine Gefahr zu sehen ist. Ich meine aber, daß man diesem Vorwurf in zweifacher Weise begegnen kann.
Erstens darf man bei religiösen Aussagen und Texten nicht mit einem doppelten Maß messen. Sobald religiöse Sprache etwas Konkretes, Bestimmtes sagen will, ist sie eben immer symbolisch. Die Symbolauffassung ist nicht erst dann ins Spiel zu bringen, wenn man anders nicht mehr weiter weiß, also etwa bei den Wundern Jesu, bei der Sündenfallgeschichte und der Eschatologie, bei Hölle und Teufel, Engeln und Dämonen. Die Symboltheorie ist keine Notbremse für schwierige Texte und Dogmen, die man auf diese Weise der modernen Zeit anpas-

sen will. Sie ist auch nicht bloß auf solche Texte anzuwenden, die ganz eindeutig symbolisch verstanden sein wollen, wie die Gleichnisse Jesu oder die Bildworte des johanneischen Christus. Auch wenn man von Gott dem Vater redet, von der Liebe Gottes oder von Jesus als dem Herrn, gebraucht man Symbole.

Zweitens gibt es für den christlichen Glauben einen klaren Maßstab für angemessene und unangemessene religiöse Aussagen. Ist eine religiöse Aussage als symbolisch gekennzeichnet, so ist sie damit keineswegs der Sachkritik entnommen. Es ist nämlich die Frage, von welcher Tendenz ein religiöses Symbol bestimmt ist. Der christliche Maßstab, an dem alle einzelnen Symbole zu messen sind, ist das erste Gebot, die Unbedingtheit des Unbedingten, gegen alle Verabsolutierungen von etwas, das nicht absolut ist. Anschaulich wird dieser Maßstab in Jesus von Nazareth. Denn er, der Träger des neuen Seins, wollte nichts für sich sein, sondern ganz aus Gott leben. Er wollte nichts anderes sein als ein Verweis auf Gottes Unbedingtheit. Seine Selbstverleugnung und Hingabe an Gottes Willen gipfelte im Kreuz. Bei jeder religiösen Aussage ist zu prüfen, ob ihr Gehalt dem Geist dieses Maßstabs entspricht oder nicht.[15]

5. Vorwurf der Verschwommenheit

Wenn religiöse Aussagen symbolisch zu verstehen sind, so lautet ein weiterer Vorwurf, dann bleiben sie verschwommen, vage und unbestimmt. Denken wir an Karl Jaspers, der die „Chiffren" der Religion bewußt im Schwebenden halten will, dann wird dieser Vorwurf noch verständlicher. Max Horkheimer meinte im Blick auf Tillichs Symbolverständnis: „Die heiligen Texte werden zu Symbolen erklärt, von denen sich nicht sagen läßt, wofür sie stehen, was sie denn symbolisieren sollen, Fahnen, die ein Land repräsentieren, das doch keiner nennen kann".[16] Hier ist nicht von Unwahrhaftigkeit und doppeltem Maß die Rede, sondern davon, daß das einheitliche Maß, das angelegt sein mag, in sich nicht so recht brauchbar sei.

Auch dieser Vorwurf läßt sich von Tillichs Ausarbeitung der Symboltheorie aus entkräften. Daß man den letzten Bezugspunkt aller religiösen Symbole, nämlich Gott selbst, nicht so in den Griff bekommen kann, wie man irgendwelche Gegenstände oder auch Personen greifen kann, liegt an Gottes Verborgenheit. Im übrigen dienen verschiedene

Differenzierungen der Klarheit und vermeiden Verschwommenheit. Tillich unterscheidet etwa zwischen Symbol und Begriff, zwischen Symbolmaterial und Symbolgehalt, und hinsichtlich des Symbolgehalts unterscheidet er, ob Gott selbst gemeint ist, oder sein Wesen, oder sein Handeln, oder seine Inkarnationen.
Ferner lassen sich die religiösen Symbole nach dem Symbolmaterial unterscheiden und ordnen. Dieses Gliederungsprinzip ist besonders wichtig, wenn man dem modernen Wahrheitsbewußtsein gerecht werden will.[17] Bei Tillich kommt es etwas zu kurz, fehlt aber nicht. Ganz Verschiedenes kann als Symbolmaterial dienen. Etwa geschichtliche Ereignisse wie der Auszug aus Ägypten, das Babylonische Exil, die Reformation. Personengruppen wie Israel als das auserwählte Gottesvolk oder die christliche Gemeinde als das Gottesvolk des neuen Bundes. Ein bestimmter Mensch kann Symbolträger sein, vor allem Jesus von Nazareth als der Christus. Menschliche Verhaltensweisen wie Gerechtigkeit, Liebe, Versöhnung und Befreiung können Symbolmaterial liefern, oder menschliche Beziehungen wie das Verhältnis von Eltern und Kind, von König und Volk oder von Mann und Frau. Naturgegenstände wie Brot, Wein und Wasser, Ideen wie Unsterblichkeit, Reinkarnation und Kreislauf aller Dinge, mythologische Vorstellungen wie Götterzeugung, Himmelfahrt, Auferstehung der Toten aus den Gräbern – alles mögliche Material kann für die religiösen Symbole benutzt werden. Es macht einen Unterschied, ob das Symbolmaterial historisch ist oder legendär, poetisch oder mythologisch, naturhaft oder abstrakt-begrifflich. Die Christussymbole sind für uns schon vom Symbolmaterial her besonders aussagekräftig. Hier trifft mythologisches, genauer gesagt archetypisches Material (etwa das Sterben und Auferstehen des Göttlichen, sowie der Bringer der Heilszeit) zusammen mit historischem Material: Jesus lebte zu einer bestimmten Zeit; wir wissen, daß bei ihm Wort und Tat in glaubwürdiger Weise verbunden waren; er wurde nicht gekreuzigt, weil er etwa ein Verbrecher gewesen wäre, sondern obwohl und weil er ganz für andere Menschen lebte; seine Jünger erfuhren ihn nach seinem Tod ganz unerwartet als lebendig. „Jesus der Christus" ist das zentrale christliche Symbol, weil sich im Leben Jesu heiles, heilendes, mit Gott verbundenes Dasein, also „Neues Sein" manifestierte.[18]

6. Vorwurf der Abwertung religiöser Aussagen

Neben den beiden Vorwürfen, die symbolische Auffassung der religiösen Sprache führe zu Unwahrhaftigkeit und Verschwommenheit, begegnet außerdem der Verdacht, hier werde die religiöse Substanz im Grunde aufgeweicht und verflüchtigt. Wenn religiöse Sprache „nur" symbolisch gemeint sei, brauche man es in Fragen des Glaubens nicht so genau zu nehmen, es komme dann eben nicht darauf an, ob man dies oder jenes glaube. Haben wir es bei Tillichs Symboltheorie mit Rückzugsgefechten zu tun, die schließlich in Unverbindlichkeit und mangelnder Ernsthaftigkeit enden?

Im Gegenteil! Tillich schärft uns immer wieder ein, daß man nicht sagen darf: „nur ein Symbol". Es muß heißen: „nicht weniger als ein Symbol!" Ein Symbol (im engeren Sinn) ist nämlich kein Zeichen, das bloß auf etwas anderes hinweist und dabei austauschbar wäre, wie ein Verkehrszeichen, das man am grünen Tisch vereinbart hat und das auch anders aussehen könnte. Das vom Zeichen unterschiedene Symbol ist der Repräsentant des Symbolisierten. Wie in einem Brennspiegel faßt es den Symbolgehalt in sich zusammen. Im Symbol drückt sich das Symbolisierte aus, es macht sich hier transparent. Das Symbol hat also Anteil am Symbolisierten. Kreuz und Auferstehung Jesu sind Grundsymbole des christlichen Glaubens, weil sie etwas unbedingt Bedeutsames ausdrücken und daran selbst partizipieren. Im Kreuz Jesu hat Gott an menschlichem Leiden teilgenommen, und die Auferstehung Jesu wird aufgrund der Ostererfahrung bezeugt, in der den Jüngern Jesu aufging, daß der gekreuzigte Jesus an Gottes Ewigkeit teilhat. Kann von „Gottes Liebe" gesprochen werden, dann hat gegenseitige menschliche Liebe teil an der göttlichen Liebe. Indem von „Gott dem Vater" die Rede ist, spiegelt sich in menschlichem Vatersein etwas von der Würde der göttlichen Vaterschaft wider. Wenn von Gott „Personsein" ausgesagt wird, dann steht menschliche Personalität in einem unausweichlichen Gottesbezug und weist zugleich über sich hinaus auf die Macht, die mehr ist als Person, nämlich Grund allen Personseins.

Tillich unterscheidet also zwischen Zeichen und Symbol. Zeichen sind mehr oder weniger willkürlich gewählt und lassen sich deshalb ersetzen. Außer den Verkehrszeichen kann man hier etwa an mathematische Kürzel oder an Allegorien denken. Symbole im engeren Sinn dagegen sind gewachsen oder haben sich aufgedrängt. So hat das Wasser selbst

teil an der reinigenden Erneuerung, die in der Taufe gemeint ist. Brot und Wein als Elemente des Lebensnotwendigen und der Lebensfreude partizipieren an der vieldimensionalen Gemeinschaft mit dem Christus, die im Abendmahl ausgedrückt und verwirklicht ist.[19]
Auch wenn es schließlich fruchtlos ist, sich um Definitionen zu streiten, will ich doch versuchen, Zeichen und Symbol einander etwas enger zuzuordnen, weil es nämlich zwischen beiden gleitende Übergänge gibt und es nicht immer klar ist, ob es sich im Einzelfall um ein Symbol oder bloß um ein Zeichen handelt. Tillich versteht etwa Fahnen als Symbole, die an der Macht des Landes partizipieren, das sie bezeichnen. Aber ist die jeweilige Farbenkombination einer Flagge nicht doch willkürlich zusammengestellt und insofern austauschbar? Ließe sich nicht eher in manchen Verkehrszeichen etwas Zwingendes entdecken, etwa im Halt gebietenden Rot der Ampel? Zur Klärung möchte ich einen weiteren und einen engeren Sinn von „Symbol" unterscheiden.[20] Symbol im weiteren Sinn heißt immer: eines steht für etwas anderes. Symbol im weiteren Sinn ist der Oberbegriff für Zeichen, bildliche Sprache und für Symbol im engeren Sinn bzw. „repräsentatives Symbol".[21] Das Zeichen ist sozusagen exklusiv, es meint nur etwas anderes und nicht auch sich selbst. Das repräsentative Symbol ist inklusiv, es meint zugleich sich selbst und etwas anderes, es ist in dem anderen, das es meint, mit drin. Jesus der Christus etwa weist hin auf Gott und hat dabei selbst an ihm Anteil. Zwischen Zeichen und repräsentativem Symbol steht die bildliche Sprache. Hier ist der ganze Bereich der Parabeln, der Metaphern und der Poesie angesiedelt. Solche bildliche Sprache ist mehr als nur vergleichend und illustrativ. Alle möglichen Assoziationen schwingen als unersetzbare Unter- und Obertöne mit. Das macht den besonderen Reiz der Dichtung aus, die sich nie auf bloße Information reduzieren läßt.

7. Vorwurf der Doppelzüngigkeit

Ein weiterer Einwand gegen Tillichs Symbolverständnis berührt sich mit dem schon erwähnten Vorwurf der Unwahrhaftigkeit. Tillichs Auffassung von der religiösen Sprache, so wird gelegentlich behauptet, fördere eine Art von (apologetisch motivierter) Doppelzüngigkeit. Der gebildete Christ könne danach die nur schwer nachvollziehbaren christlichen Dogmen in einem gleichnishaften, übertragenen Sinn verstehen, den normalen Kirchenchristen dagegen würden die biblischen Aussagen und die Dogmen doch so präsentiert, als seien sie wörtlich zu verstehen. Sicher wurde in der kirchlichen Verkündigung immer wieder so verfahren, vor allem um dem Sicherheitsbedürfnis — das durch ein symbolisches Verständnis der religiösen Sprache nicht gerade befriedigt wird — entgegenzukommen. Wer in Glaubensfragen auf fraglose Sicherheit aus ist, wer hinsichtlich der Bibel sozusagen hundertprozentig wissen will, wie er dran ist, der wird durch die Symboltheorie zuerst einmal verunsichert.[22] Woran kann man sich halten, wenn man die Bibel nicht mehr wörtlich verstehen soll? Was gilt, wenn von Gott konkret nicht anders als symbolisch zu reden ist? Um nicht solche Ängste aufkommen zu lassen, haben viele Pfarrer ihren Gemeinden ein symbolisches Verständnis der biblischen Texte vorenthalten, das sie doch selbst für angemessen hielten. Dazu kommt noch die Meinung, die Symboltheorie sei für den normalen Christen ohnehin zu kompliziert.

Zugegeben, es ist nicht leicht, dem durchschnittlichen Gottesdienstbesucher und Bibelleser den symbolischen Charakter religiöser Sprache klarzumachen. Versuchen muß man es doch, weil sich sonst zu viele unnötige Mißverständnisse des Glaubens einschleichen können. Wie soll man vorgehen?

Zuerst eine Selbstverständlichkeit: man muß bereit sein, hier jederzeit mit offenen Karten zu spielen, man darf nichts verschleiern wollen! Sodann sollte man beim Gebrauch solcher religiösen Symbole vorsichtig sein, bei denen die Mißverständnisse unerträglich sind, die dann auftauchen, wenn man sich den Gleichnischarakter von Glaubensaussagen partout nicht klarmachen lassen kann. Wenn nun jemand die Symbole nach wie vor ganz wörtlich versteht, dann wird man ihm gegenüber nicht gerade von Engeln und Teufeln, von der Jungfrauengeburt und vom Fegfeuer reden, wohl aber von Jesus dem Herrn, dem einzigartigen Boten Gottes, dem Mensch gewordenen göttlichen Wort. Im einen Fall führen die literalistischen Mißverständnisse zu erheblichen Absurditäten, im anderen Fall sind sie harmlos und spielen praktisch keine Rolle. Das ist ein Grund, sich um zeitgemäße Glaubensformulierungen zu bemühen. Auch der naiv verstehende Zeitgenosse soll soweit wie möglich vor Aberglauben bewahrt werden. Vor allem solche Symbole sind also in der heutigen kirchlichen Verkündigung zu gebrauchen, bei denen wir einen spontanen Zugang zum Symbolmaterial haben. Je mehr für uns Symbolmaterial und Symbolgehalt zusammenspielen, desto aussagekräftiger sind die Symbole. In unseren Gemeinden haben wir es mit Menschen verschiedenen Bewußtseinsstandes zu tun. Manche leben kulturell noch vor, andere nach der Aufklärung. Jedenfalls haben solche Symbole, deren Material dem vom empirischen, technologisch-realistischen Denken geprägten Menschen etwas bedeuten kann, auch dem in Weltbildern vergangener Zeiten denkenden Zeitgenossen etwas zu sagen. Für beide bleibt etwa das Kreuz Jesu ein besonders aussagekräftiges Symbol.

8. Erziehung zum Symbolverständnis

Wie läßt sich aber nun die Einsicht in die Symbolhaftigkeit religiöser Aussagen der christlichen Gemeinde und einer weiteren Öffentlichkeit am besten vermitteln?

Die einfachste Antwort lautet: man redet davon; man weist ausdrücklich darauf hin, daß Aussagen über Gott oder über den Christus gleichnishaft aufzufassen sind. Andererseits kann man aber nicht bei jeder christlichen Aussage hinzufügen: „aber bitte, das ist symbolisch gemeint". Eine solche liturgische Pflichtübung wäre bald unerträglich monoton. Freilich wird man dort, wo sich sonst sinnentstellende Auffassungen einschleichen, immer wieder expressis verbis auf den Symbolcharakter hinweisen. Besonders etwa dann, wenn wir unsere über das irdische Dasein hinausreichende Hoffnung ausdrücken. Sprechen wir vom Leben nach dem Tod, dann wird es ja auch besonders deutlich, daß wir nicht anders als in Bildern reden können, in menschlichen, unzulänglichen Vorstellungen. Unsere auf Raum und Zeit eingestellten Denkmöglichkeiten werden hier einfach gesprengt.

Es gibt aber sinnvollere Wege, um die Symbolhaftigkeit der religiösen Sprache zu vermitteln. Vor allem ist hier an den Erziehungsprozeß zu denken, der möglichst früh in der geistigen Entwicklung einsetzen muß. Schon dem Kind und dem Jugendlichen müssen wir ein Gespür dafür geben, daß es Wahrheiten gibt, die über bloße Richtigkeiten hinausgehen. Nicht nur das kann in einem tieferen Sinn wahr sein, was in beobachtbarer, meßbarer Weise richtig ist. Umgekehrt können Richtigkeiten auch ohne tiefere Bedeutung bleiben. Manche Märchen, Sagen und Legenden enthalten bleibend gültige Aussagen, auch wenn ihr Symbolmaterial der Phantasie entsprungen ist. Wahrheit ist also etwas anderes als historische oder naturkundliche Richtigkeit, wobei andererseits natürlich auch solche Richtigkeiten das Symbolmaterial für tiefere Einsichten liefern können. In diesem Sinn können bereits die Kinder zu einer angemessenen Würdigung der kulturellen und zugleich der religiösen Überlieferung angeleitet werden. Erzählt man Kindern etwa eine biblische Wundergeschichte, dann ruhig mit dem deutlichen Unterton: was auch immer der historisch greifbare Tatbestand sein mag, es handelt sich hier letztlich um ein Gleichnis, wie Jesus immer wieder Gleichnisse erzählte.

Wichtiger als alles Reden über den Symbolcharakter ist der symbolische Vollzug, die praktische Demonstration. In unserem religiösen Reden soll der Symbolcharakter der religiösen Sprache von sich aus deutlich werden. Eine symbolische Atmosphäre ist zu schaffen, in der man dann ein Gespür dafür bekommt, daß Gott größer ist als alle unsere Worte, die wir für ihn finden. Wie das etwa geschehen kann, zeigt uns Tillich in seinen Predigten.[23] Er stellt einfach verschiedene Symbole nebeneinander, die sich vom Symbolmaterial her logisch widersprechen. In einer Predigt kann er etwa sagen: Gott ist für uns zugleich Vater, Mutter und Kind.[24] Oder er redet, in Anlehnung an Römer 8, vom göttlichen Geist, der vor sich selbst für uns Fürbitte leistet.[25] Hier wird das Symbolmaterial so offensichtlich gebrochen gebraucht, daß der Symbolcharakter unmittelbar einleuchtet. Ein paar weitere Beispiele genügen: Auf die Frage, was nach dem Tod kommt, kann man zugleich das Symbol von der Auferweckung am Jüngsten Tag und Jesu Wort zum mitgekreuzigten Schächer „heute wirst du mit mir im Paradiese sein“ [26] einbringen. Man kann zugleich von Gottes Allmacht reden und von dem Gott, der sich in Jesu Ohnmacht offenbart. Man kann zugleich personal von Gott als einem Du reden, und ontologisch von Gott als der Macht des Seins. Durch solches Nebeneinanderstellen verschiedener Symbole wird außer der Vermittlung der Symbolhaftigkeit der Glaubensaussagen noch ein weiterer Effekt erzielt: die einzelnen Symbole legen sich gegenseitig aus, sie führen miteinander zu einem klareren Verständnis unserer Glaubensüberlieferung.

9. Religiöse Sprache ist eine besondere Sprache

Christlicher Glaube ist heutzutage durch den logischen Positivismus besonders herausgefordert, bei uns vor allem in der Variante des kritischen Rationalismus. In dieser philosophischen Richtung – die das Gefühl vieler Zeitgenossen formuliert — wird etwa gesagt: Aussagen sind nur sinnvoll, wenn angegeben werden kann, unter welchen Umständen sie sich verifizieren oder falsifizieren lassen. Die Aussage „es regnet jetzt" ist sinnvoll, weil sie sich beweisen oder widerlegen läßt. Aussagen sind dann wahr, wenn sie nun tatsächlich verifiziert werden können. Nach dieser Denkweise sind religiöse Aussagen nicht einmal sinnvoll, geschweige denn wahr oder falsch. Bei einem Satz wie „Gott ist Liebe" kann ich nämlich nicht angeben, unter welchen allgemein überprüfbaren Bedingungen er wahr oder falsch ist.

Hier werden alle Aussagen über einen Kamm geschoren. Das ist der Grundirrtum dieser Religionskritik. Das Modell aller möglichen Aussagen liefert hier die auf exakter naturwissenschaftlicher Beobachtung beruhende Aussage. Nach diesem Kriterium sind allerdings religiöse Aussagen sinnlos, denn Gott ist kein innerweltlicher Gegenstand, kein beobachtbares Objekt. Gott kann nur Gott sein, also das Unbedingte, das Sein-Selbst, wenn er den ganzen Bereich von Subjekt und Objekt unendlich überschreitet und sprengt. Gott ist die alles umfassende und durchdringende Tiefe der Wirklichkeit. In unseren Einzelwissenschaften kann Gott kein Gegenstand der Forschung sein, wohl aber taucht er überall auf als die Frage nach dem, was letztlich gilt und bleibt.

Gegenüber den verschiedenen Spielarten des Positivismus ist festzuhalten: Religiöse Sprache hat neben der alltäglichen Sprache und der wissenschaftlichen Sprache der Tatsachen und Hypothesen ihren eigenen Charakter. Die biblische Schöpfungsgeschichte in 1. Mose 1—2 etwa nimmt zwar Symbolmaterial, das dem naturkundlichen Wissensstand der Zeit um 900 und 500 v. Chr. entspricht, ihr Symbolgehalt aber, das Zeugnis von Gottes Schöpfertum, sprengt den antiken wie den modernen Stand der Welterkenntnis.

Religiöse Sprache ist eine besondere, aber keine sonderbare oder absonderliche Sprache. Zwischen religiöser und nichtreligiöser Sprache gibt es alle möglichen Querverbindungen. Nichtreligiöse Sprache kann immer wieder selbst religiösen Charakter annehmen, indem sich in ihr auf einmal die Frage nach dem stellt, was uns unbedingt angeht. Ferner kennen wir auch nichtreligiöse Symbolsprache, etwa Traumsymbole oder künstlerische Symbole, die mit den verschiedensten Assoziationen und Anspielungen „bedeutungsschwanger" sind. Symbole dienen im Alltag mannigfachen Aufgaben. Sie werden gebraucht als Signale, als Kennzeichen und Wahrzeichen, als Kürzel zur raschen Verständigung, oder aus pädagogischen Gründen zur Veranschaulichung.[27] Der Unterschied des religiösen gegenüber dem nichtreligiösen Symbol liegt im Bezugspunkt. Die Dimension des religiösen Symbols ist nicht irgendein beliebiger Wirklichkeitsbereich, sondern der Bereich des Unbedingten.

10. Erfahrungsbezug der religiösen Sprache

Tillichs Symbolverständnis kann uns dazu helfen, die Wirklichkeitsdichte der klassischen religiösen Aussagen neu zu entdecken. Nicht auf bloße Behauptung hin ist die christliche Botschaft zu akzeptieren, auch nicht auf die formale Autorität der Bibel hin. Die christliche Botschaft wird für uns dann zu einer inneren Autorität, wenn sie unsere gegenwärtige Erfahrung der Welt und des eigenen Lebens durchsichtig und besser verständlich werden läßt. Das ist aber nur möglich, wenn die Symbole, die in dieser Botschaft gebraucht werden, selbst einer Erfahrung entsprungen sind. Ist ein religiöses Symbol in einer bestimmten Lebenssituation entstanden und konnte es die Erfahrung einer ganzen Gruppe von Menschen zusammenfassen, dann wird es im allgemeinen auch bei uns zu neuer Erfahrung anleiten und sich vielleicht sogar mit unseren eigenen Erfahrungen anreichern lassen. Es besteht eine Korrelation zwischen dem religiösen Symbol und der religiösen Erfahrung. Das religiöse Symbol (falls es echt ist) verdankt sich religiöser Erfahrung und erschließt bzw. bewirkt neue religiöse Erfahrung.[28] Auch hinter Symbolen, die uns heute schwer zugänglich sind, weil ihr Symbolmaterial unserer Bewußtseinslage nicht mehr entspricht, können religiöse Erfahrungen, also Begegnungen mit dem Unbedingten stehen. Denken wir etwa an das Symbol vom stellvertretenden Leiden und vom Sühnopfer Jesu am Kreuz. Hinter dem Opfergedanken und dem Gedanken von der stellvertretend getragenen göttlichen Strafe stehen Erfahrungen von Schuld und Strafe, von Sühneversuchen und von Übertragung, und vor allem vom Angewiesensein auf Gnade. Bei solchen Symbolen muß versucht werden, den ursprünglichen Erfahrungsbezug herauszuarbeiten. Gelingt das nicht, etwa weil wir die ursprüngliche Situation nicht ermitteln können oder weil sich die Situation grundlegend geändert hat, dann müssen wir uns damit abfinden, daß das betreffende Symbol mit unserer eigenen Situation nicht zusammenstimmt und für uns eben tot ist.[29]

Wichtig ist Tillichs Unterscheidung zwischen echten und wahren Symbolen. Wahre Symbole müssen echt sein, echte Symbole sind nicht in jedem Fall auch wahr. Echt ist ein Symbol immer dann, wenn es bestimmten Erfahrungen entspricht und – da alle Erfahrung eine psychische Seite hat – in die tieferen seelischen Dimensionen des Menschen hinabreicht. Hier berührt sich Tillichs Symboltheorie stark mit der Tiefenpsychologie. Sigmund Freud redet von Traumsymbolen und meint damit, daß die Träume verschlüsselt hinweisen auf bestimmte Triebe, die im Unbewußten verankert sind. Carl Gustav Jung redet von Archetypen und meint damit bestimmte universale Grundmuster des menschlichen Seelenlebens. In den Archetypen haben sich, über die je individuelle Erfahrung hinaus, Menschheitserfahrungen niedergeschlagen. Die Archetypen liefern Symbole, die in allen Kulturen und Religionen auftauchen, die also zum Urbestand der menschlichen Erfahrung gehören.

In einem tiefsten Sinn wahr, also Hinweis auf das wahrhaft Unbedingte und zugleich dessen Ausdruck, kann nur das echte, in der Erfahrung und nicht in bloßer Spekulation wurzelnde Symbol sein. Aber wann ist das echte Symbol nun auch wahr? Welche Archetypen sind wirklich eine Spur Gottes im Menschen und nicht bloß geistiger Überbau? Sind die marxistischen Grundsymbole wie „Diktatur des Proletariats" und „klassenlose Gesellschaft" zwar erfahrungsbezogen und damit echt, aber schließlich doch nicht wahr? „Jesus ist der Christus" – ist dieses christliche Grundsymbol doch nur von uns aufgestellt, oder ist es von Gott selbst legitimiert? Nach Ludwig Feuerbach beruht Religion auf Illusion, sie ist die Projektion menschlicher Wünsche und Hoffnungen auf einen imaginären Himmel. Gotteserfahrung wäre dann nichts anderes als Selbsterfahrung. Tillich hat Feuerbach mit Recht entgegengehalten, daß wir im Prozeß des religiösen Symbolisierens nicht auf einen imaginären Himmel projizieren, sondern auf die Dimension des Unbedingten, des Sein-Selbst, der Macht des Seins (worum auch Feuerbach und Marx nicht herumkommen, sobald sie etwas als absolut anerkennen). Nur bleibt es dabei: die Erfahrung ist das Kriterium der Echtheit, noch nicht der metaphysischen Wahrheit eines Symbols. Dem, was in uns ist, muß noch nicht notwendigerweise ein *„fundamentum in re"* im Absoluten korrespondieren. Wir stoßen beim Problem der Verifikation auf eine letzte Grenze. Gott wäre nicht Gott, könnten wir sein Wesen, seinen Charakter zwingend beweisen. Der Glaube an den gütigen Gott – im Sinn des christlichen Maßstabs aller einzelnen religiösen Symbole – bleibt ein Wagnis. Wohl aber kann uns die Wahrheit dieses Glaubens einleuchten. Sie läßt sich persönlich erfahren, indem sie in uns eine Resonanz findet.

11. Neuer Zugang zur Bibel

Mit der Korrelation zwischen Symbol und Erfahrung ist insbesondere ein neuer Zugang zur Bibel möglich.[30] Alle religiösen Aussagen sind auf ihre Verankerung in der Erfahrung zu befragen. Man muß nicht von vorneherein für wahr halten, was in der Bibel steht, sondern religiöse Texte können für uns nur dadurch relevant werden, daß wir den Erfahrungsgehalt, in dem sie wurzeln, wiedergewinnen und nachvollziehen. Denken wir etwa an die Botschaft der israelitischen Propheten. Sie griffen Traditionen auf, die ihnen in übermächtigen Gottesbegegnungen erneut lebendig wurden. Manchmal wurden dabei die vorgegebenen Traditionen völlig umgeformt. Gelegentlich ist aber auch durch eine solche Gottesbegegnung überhaupt erst eine Tradition entstanden. Bei Jesu Botschaft vom barmherzigen Gott und seiner kommenden Herrschaft dürfen wir mächtige Gottesbegegnungen voraussetzen, durch die Jesus bevollmächtigt wurde, das Gottesbild seiner Umwelt zu kritisieren. Die Osterbotschaft schließlich geht auf Begegnungen der Jünger mit ihrem lebendigen Herrn zurück. Im allgemeinen werden uns keine solchen Urerfahrungen geschenkt, aber wir können doch in kleinerem Ausmaß diese Urerfahrungen immer wieder nachvollziehen, angeregt und angestoßen durch die Symbole, in denen sie sich niederschlugen.

Ganz im Sinne Tillichs fängt man heute an, die historisch-kritische Bibelauslegung durch eine tiefenpsychologische Methode zu ergänzen. Hier werden verschiedene Symbole wie Liebe, Sünde, Angst, Opfer, Gesetz auch als Signale seelischer Vorgänge analysiert. Durch die tiefenpsychologische Auslegung, die etwa noch durch eine soziologische Auslegung zu ergänzen ist, wird der Erfahrungshintergrund biblischer Texte weiter ausgeleuchtet. Die Offenbarung des Unbedingten selbst geht allerdings über alle historischen, tiefenpsychologischen und soziologischen Aspekte hinaus.

Man wird fragen müssen, ob sich die biblischen Autoren eigentlich der Symbolhaftigkeit ihres Gottes- und Christuskerygmas bewußt waren,

von ihren Lesern und Hörern ganz zu schweigen. Teilweise sicher, etwa soweit sie Gleichnisse, Metaphern und Allegorien gebrauchten, oder indem etwa der Evangelist Johannes die Wunder Jesu als „Zeichen" *(semeia)* interpretierte. Im übrigen aber wurden die Symbole naiv gebraucht, man war sich der Gebrochenheit des Symbolmaterials noch nicht bewußt, denn man lebte in einem weitgehend vorwissenschaftlichen Weltbild. Das Symbol nicht mehr naiv, sondern gebrochen verstehen zu müssen, das Symbol als Symbol, den Mythos als Mythos zu identifizieren, ist ein Erfordernis unserer von der Wissenschaft geprägten Zeit. Wir können nicht mehr hinter die Aufklärung zurück in eine ungebrochene Naivität.
Um das symbolische Verständnis der Bibel noch besser zu erfassen, ist zu fragen: welche anderen Zugänge zur Bibel werden eigentlich praktiziert?[31]

a) Ein glatter Gegensatz ist der Fundamentalismus bzw. Literalismus. Ein durchweg wörtliches Verständnis der Bibel scheitert allerdings daran, daß sich in der Bibel ganz unterschiedliche Sprachformen finden, etwa Geschichtsberichte wie die Saul-David-Geschichten, Legenden wie die Kindheitsgeschichten Jesu, Gleichnisse, Lieder, Bekenntnisse, Briefe, Sprüche. Auch eine fundamentalistische Auslegung kommt nicht darum herum, manches bildlich zu verstehen. Nur geschieht das willkürlich.

b) Die heilsgeschichtliche Methode ist eine weitere Auslegungsweise. Sie praktiziert einen Literalismus in Auswahl. Hier wird durchaus anerkannt, daß sich in der Bibel Sagen, Legenden und mythologische Elemente finden. Aber das Entscheidende, so wird gesagt, seien die großen Taten Gottes in der Geschichte, von Abraham über den Exodus, das Königtum Davids und die Propheten bis hin zu Jesus Christus und zur Frühgeschichte der Kirche, mit Ausblick auf die Wiederkunft Christi. Daran ist richtig, daß die Geschichte außerordentlich wichtiges Symbolmaterial liefert. Jesus als der Christus ist nach Tillich der entscheidende, maßgebende *Kairos*, die erfüllte Zeit. Aber die Geschichte weist über sich hinaus auf das Unbedingte, das sich in ihr manifestiert. Und neben der Geschichte kann auch die Natur Material liefern für religiöse Symbole.

c) Die existentiale Interpretation, die vor allem von Rudolf Bultmann entwickelt wurde, kommt der Tillichschen Bibelinterpretation sehr nahe. Hier werden die religiösen Symbole auf das Selbstverständnis der menschlichen Existenz hin ausgelegt, das sich in ihnen jeweils zeigt. Dabei braucht Existenz nicht individualistisch verengt zu sein, sondern der soziale Zusammenhang kann sofort mit einbezogen sein. Die existentiale Interpretation ist nun allerdings in der Gefahr – ohne dieser Gefahr immer erlegen zu sein! –, nur die Existenz zu berücksichtigen und nicht zugleich die alles umgreifende Transzendenz. Das wäre eine einschneidende Verkürzung. Denn es geht im religiösen Symbol nicht bloß um die Existenz, sondern um die Existenz in ihrer Begegnung mit Transzendenz, um das Ergriffensein des Menschen von Gott, um religiöse Erfahrung. Aus dem Gesamtkomplex „Existenz vor Transzendenz" darf der Pol „Existenz" nicht isoliert werden.[32]

d) Eine vierte Auslegungsmethode spielte in der Philosophie des 19. Jahrhunderts eine große Rolle, etwa in der Hegelschule und bei David Friedrich Strauß. Sie ist in Verbindung mit einer verkürzten existentialen Interpretation in verschiedene Versuche marxistischer und „humanistischer" Bibelauslegung eingeflossen. Nennen wir sie „spekulative Methode", die das religiöse Symbol als Vorstufe des philosophischen Begriffs ansieht, der im Unterschied zum Symbol in direkter, unmittelbarer Weise vom wie auch immer verstandenen Absoluten reden könne. Diese spekulative Methode übersieht, daß alles direkte Reden, sobald es über den Sinn des Lebens etwas Bestimmtes aussagen will, sich ins symbolische Reden wandelt. So dient etwa die Ontologie als Symbolmaterial, sobald sie vom Sein-Selbst Spezifisches auszusagen versucht.

Zuweilen wird eingewandt, ein symbolisches Bibelverständnis widerspreche dem Bilderverbot von 2. Mose 20, 4 f. Aber dort wird nur gefordert, das Symbol als Symbol zu erkennen und das Symbolmaterial nicht zu verabsolutieren. Nichts Irdisches darf an die Stelle Gottes treten, keine kirchliche Institution, kein Sakrament, kein heiliges Buch noch sonst irgend etwas. Gott transzendiert alle Bilder, die wir von ihm machen. Das besagt das Bilderverbot. Daß wir aber nicht anders als in Bildern von Gott reden können, wird von Paulus in 1. Korinther 13, 12 und in 2. Korinther 5, 7 deutlich gesagt und von Jesus in seinen Gleichnissen vorgeführt.[33]

12. Kurzinformation zu den nichtsprachlichen Symbolen

Für die kirchliche Praxis, insbesondere für den Gottesdienst und den persönlichen Frömmigkeitsstil, sind neben den sprachlichen auch die nichtsprachlichen religiösen Symbole sehr wichtig. Hier sollen nur einige wenige Gesichtspunkte dazu erwähnt werden:

a) Das religiöse Symbol – ob sprachlich oder nichtsprachlich – vermittelt zwischen Göttlichem und Irdischem, zwischen Transzendenz und Immanenz. Da die ganze Wirklichkeit Schöpfung Gottes ist, und da trotz der Entfremdung alles Seiende am Sein partizipiert, kann nun im Prinzip jeder Ausschnitt unserer Wirklichkeit transparent werden für das Unbedingte. Was nun aber faktisch Symbol wird für den wahren Charakter des Unbedingten, ergibt sich aus der Offenbarung Gottes in Christus. So ist etwa die Liebe, nicht aber der Haß, oder das Licht, nicht aber die Finsternis Symbol für Gott.[34] Vom Maßstab Jesu Christi her sind Tieropfer oder gar Menschenopfer, kultische Prostitution, heilige Kriege und Kreuzzüge aller Art Symbolhandlungen, die dem Geist des Evangeliums widersprechen.

b) Eine religiöse Gemeinschaft kommt ohne Symbole nicht aus. Sie dienen dem einzelnen zur Orientierung, Selbstfindung und Erinnerung, und der Gemeinschaft zusätzlich zur Wahrung ihrer Identität und Kontinuität und zur Weitergabe ihrer Botschaft. Ohne ihre Symbole verliert eine Glaubensgemeinschaft buchstäblich ihr Gesicht.

c) Gegen alle Tendenzen der Spiritualisierung und Intellektualisierung des Glaubens ist zu betonen: das allumfassende göttliche Geheimnis wird uns leiblichen, begrenzten Menschen nicht anders zugänglich als durch Symbole, und nicht zuletzt durch recht sinnenhafte Vermittlungen, die unserer Leiblichkeit entsprechen. So tröstete sich Martin Luther in den Anfechtungen mit seinem Getauftsein: *„baptizatus sum"*. Das Sakrament war für ihn eine Hilfe zur Vergewisserung der göttlichen Barmherzigkeit. Sprachliche Symbole sprechen den Menschen hauptsächlich in seiner Vernunft und Einsicht an, nichtsprachliche Symbole finden eine Resonanz in der Seele, und ihre Aussagekraft reicht bis ins Unbewußte. Zu den nichtsprachlichen Symbolen gehören die Naturelemente Wasser, Brot und Wein in den Sakramenten Taufe und Abendmahl, Darstellungen etwa des Kreuzes, Ausstattung des gottesdienstlichen Raumes, liturgische Musik und Gebärden.

d) Weder sprachliche noch nichtsprachliche Symbole werden je für sich allein der Vieldimensionalität des Menschen gerecht. Sprachliche Symbole allein führen zur Kopflastigkeit, nichtsprachliche Symbole allein führen zu unkontrollierter Emotionalität. Sprachliche Symbole werden in nichtsprachlichen bekräftigt. Der Zuspruch der Sündenvergebung etwa wird im Abendmahl unterstrichen, die Zusage der zuvorkommenden Gnade Gottes wird in der Taufe dargestellt. Umgekehrt bedürfen die nichtsprachlichen Symbole der Deutung durch das gesprochene Wort, was in den Sakramenten Taufe und Abendmahl schon durch die Einsetzungsworte dokumentiert ist. Das Miteinander von sprachlichen und nichtsprachlichen Symbolen ist besonders deutlich in der Inkarnation des Logos ausgedrückt: „Das Wort ward Fleisch" (Johannes 1, 14).

e) Das Sakrament ist der Spezialfall des religiösen Symbols. Es ist ein besonders bedeutsames und aussagekräftiges, die Glaubensgemeinschaft verbindendes, primär nichtsprachliches Symbol.[35] Daß der Übergang zwischen Sakramenten und anderen religiösen Symbolen fließend ist, wird bei Tillich schon terminologisch klar: Er unterscheidet „Sakramente" im engen, kirchlich-institutionellen Sinn, „Sakramentalien" als Gegenstände und Handlungen, in denen eine Glaubensgemeinschaft ihre Begegnung mit dem Heiligen ausdrückt, und „das Sakramentale", womit alles gemeint ist, durch das der göttliche Geist erfahren wird.

f) Bei den religiösen Symbolen allgemein, und speziell auch bei den Sakramenten, hat man sich vor zwei Gefahren zu hüten: vor einer Verflüchtigung einerseits, vor Verdinglichung und Automatismus andererseits. Nötig ist die Balance von „katholischer Substanz" und „protestantischem Prinzip".[36] Die evangelischen Kirchen müssen katholische Substanz zurückgewinnen. Die Gottesdienste der „Kirche des Wortes" müssen den Menschen in seiner Vieldimensionalität und nicht nur in seinem Intellekt mit dem Evangelium konfrontieren. Der Gottesdienst darf keine Schulstunde bleiben, er muß wieder eine Feier sein. Unter diesem Vorzeichen ist das Bemühen um kultischen Formenreichtum kein Allotria.[37] Zu den nichtsprachlichen Elementen des Gottesdienstes gehört aber auch die Meditation, in der sich uns die religiösen Symbole neu erschließen. Das „protestantische Prinzip" andererseits richtet sich gegen alle Tendenz zur Idolatrie, also zur Identifizierung des Symbolmaterials mit dem, worauf es hinweist. Nichts Irdisches darf verabsolutiert werden, das kann man bei Jesus lernen, der nichts in sich selbst sein wollte, sondern aus und mit Gott lebte. Damit ist die Verbalinspiration ebenso abzulehnen wie die Transsubstantiation, der Opfergedanke der Messe und die Gleichsetzung der römisch-katholischen Kirche mit der einen Kirche Christi.

13. Können wir neue Symbole schaffen?

Religiöse Symbole lassen sich – falls es sich um echte und nicht um konstruierte Symbole handelt – nicht von uns erdenken, sie müssen vielmehr geboren werden, indem sie sich uns in Offenbarungssituationen schenken. Grundsätzlich können auch heute neue Symbole geboren werden, etwa indem sich einem einzelnen, von Gott besonders Ergriffenen ein Symbol aufdrängt, das sich dann in einer Glaubensgemeinschaft durchsetzt, indem es in ihr ein Echo findet. Neue Symbole müssen in die seelischen Tiefenschichten eindringen, sonst sind sie wirkungslos. Ich kann mir nicht denken, daß „Gott der Chef" oder „Gott der große Bruder" überzeugende Symbole sein könnten. Solche Redeweise wäre lediglich geschmacklos.

Haben wir heute irgendwo neue Symbole gefunden, oder haben wir uns immer noch mit den überlieferten Symbolen zu begnügen? Tillich selbst schuf keine neuen Symbole. Aber wie Luther wählte er aus der Tradition bestimmte Symbole aus, die ihm besonders wichtig wurden, und gab ihnen einen bestimmten Akzent. Bei Luther waren das Symbole wie Sündenvergebung, Rechtfertigung allein aus Gnade, Gesetz und Evangelium, Freiheit eines Christenmenschen. Bei Tillich waren es Symbole wie Reich Gottes, göttlicher Geist, neues Sein, Entfremdung und Heilung, Jesus der Christus. Ferner verband Tillich in der Tradition vorgefundene Symbole in neuer Weise miteinander. Er griff nicht nur das Symbol „Rechtfertigung" auf, sondern sprach von der „Rechtfertigung des Zweiflers" und versuchte mit diesem Symbol auf die geistige Situation der Moderne besonders einzugehen.

14. Toleranz

Ist religiöse Sprache symbolisch zu verstehen, dann liegt in ihr etwas Offenes, nicht total Festgelegtes. Dogmen sind dann keine Glaubensgesetze, sondern Wegweiser und Hilfen zum Glauben. Sie sind Versuche, das unsagbare göttliche Geheimnis auszusagen, sie verdanken sich früheren Erfahrungen und müssen sich in der eigenen Erfahrung bewähren. Für Ideologen und Fanatiker, bei denen alles genau fixiert sein muß, ist das viel zu wenig. Dafür wird auf diese Weise ein offener Dialog des Christentums mit anderen Religionen ermöglicht. Das ist wichtig in einer Zeit, in der geographische Entfernungen keine Rolle mehr spielen und die verschiedenen Religionen einander viel unmittelbarer als früher begegnen.

Grundsätzlich kann es sein, daß sich verschiedene religiöse Sprachtraditionen bei aller Unterschiedlichkeit oder sogar logischen Gegensätzlichkeit im Symbolmaterial doch nicht gegenseitig ausschließen. Das christliche Grundsymbol „Reich Gottes" bezieht die Fülle der Schöpfung in das Eschaton mit ein, das buddhistische Grundsymbol „Nirvana" negiert alles Irdische. Trotzdem ist nicht von vornherein gesagt, daß sich der Symbolgehalt beider eschatologischer Grundsymbole ausschließen muß. Von verschiedenen kulturellen und geschichtlichen Gegebenheiten aus kann Gott im Gleichnis ausgedrückt werden. Gott als die Tiefe der Wirklichkeit übersteigt alle Aussagemöglichkeiten. Das neue Sein, die in Jesus dem Christus manifest gewordene Heilungs- und Versöhnungswirklichkeit, reicht über alle Worte hinaus. Es bleibt die Grundüberzeugung der großen Religionen: Wir können Gott nicht in unsere Vorstellungen einfangen und er geht nicht in ihnen auf, aber er ist immer wieder in sie eingegangen!

15. Gott und Welt – die beiden Pole des religiösen Symbols

Tillichs Symbolverständnis setzt ein bestimmtes Welt- und Gottesverständnis voraus oder hat es zur Folge. Die Welt ist auf Gott hingeordnet, das Irdische hat darin seine Würde. Zugespitzt formuliert: Die Welt ist ein Gleichnis für Gott.[38] Freilich nicht in ungebrochener Weise. Die Welt ist ihrer eigenen Tiefe, für die sie transparent ist, zugleich entfremdet, was sich daran zeigt, daß sie sich immer wieder allein aus sich selbst verstehen will.

Wann könnte man unsymbolisch von Gottes „Charakter" reden? Wenn Gott selbst ein Stück Welt wäre oder eine Überwelt neben unserer Welt. Oder wenn Gott mit der Welt identisch wäre. Oder wenn wir schon im vollendeten Reich Gottes wären. Das alles ist aber nicht der Fall. So aber weist uns das religiöse Symbol auf das göttliche Geheimnis, das unsere irdische Wirklichkeit trägt und sprengt, umgreift und übersteigt. Gott ist das unsagbare, unbegreifliche und heilige Du, demgegenüber die Haltung der Ehrfurcht, der Verantwortung und des Vertrauens angemessen ist. Indem das religiöse Symbol das eigene Symbolmaterial zugleich bejaht und verneint, also alle religiöse Sprache gebrochen ist, wird hingewiesen auf die Dialektik von Gottes Transzendenz und Immanenz, von seiner Distanz und Nähe zu uns, von seiner Verborgenheit und Manifestation. Gott sprengt unsere sprachlichen Möglichkeiten und läßt sich nicht in unsere Erfahrungen einfangen, andererseits hat er sich doch immer wieder und vor allem in Jesus von Nazareth zugänglich und verstehbar gemacht. „Wir haben den Schatz in irdenen Gefäßen"[39] – in nicht mehr, aber auch in nicht weniger als eben irdenen Gefäßen![40]

ANMERKUNGEN

1 Wichtig vor allem Klaus Dieter Nörenberg, Analogia imaginis. Der Symbolbegriff in der Theologie Paul Tillichs, Gütersloh 1966. Eine allgemeinverständliche Einführung gibt Walter Hartmann, Artikel „Symbol", in: Hans Jürgen Schultz (Hrsg.), Theologie für Nichttheologen. ABC protestantischen Denkens, 4. Folge, Stuttgart 1965, S. 39-44.

2 Hans Graß, Christliche Glaubenslehre Teil 1, Reihe Theologische Wissenschaft Band 12/1, Stuttgart 1973, S. 122.

3 1. Korinther 1, 18 ff.

4 Das griechische Wort *„symbolon"* kommt vom Verb *„symballein"* = zusammenfügen. Gemeint war das Ineinanderpassen zweier abgebrochener Teile etwa einer Tafel oder eines Kerbholzes. Ein solches Symbol diente, etwa wenn ein Bote jemandem etwas zu überbringen hatte, als Erkennungszeichen, als Mittel zur Identifikation.

5 In einem ganz weiten Sinn ist Sprache immer symbolisch, denn die Rachenlaute, die Luftschwingungen und das Schriftbild meinen nicht sich selbst, sondern etwas anderes. Wir können drei Arten von Vertretung des Gemeinten durch das Gesagte unterscheiden: (a) Das Wort weist über sich hinaus auf eine Sache. (b) Das Symbol weist im Unterschied zum Begriff über das direkt Gesagte hinaus auf etwas damit Gemeintes. (c) Das religiöse Symbol weist im Unterschied zum nichtreligiösen Symbol über die Immanenz hinaus auf die Transzendenz. Zwischen symbolischem und nichtsymbolischen Reden kann man nur unterscheiden, wenn man (a) als selbstverständlich voraussetzt, dann aber in unserem Zusammenhang nicht weiter berücksichtigt.

6 So Wolfgang Trillhaas, Religionsphilosophie, Berlin 1972, S. 235, 237.

7 Tillich, Gesammelte Werke Band V (GW V), Stuttgart 1964, S. 208.

8 Vgl. Tillich, GW V, S. 207.

9 Ob eine religiöse Aussage nur den Horizont des Unbedingten angibt oder doch etwas Konkretes über den Charakter des Unbedingten sagt, das ist nicht aus den benutzten Worten an sich zu erheben, sondern daraus, wie sie gebraucht werden. Es ist denkbar, daß in einem ganz bestimmten Zusammenhang etwa der Satz „Gott ist das Sein-Selbst" etwas sehr Spezifisches über Gott aussagt und damit symbolisch zu verstehen ist.

10 Römer 8, 38 f. Johannes 1, 14. Psalm 103, 13.

11 Tillich, GW V, S. 219; 231.

12 „Mythos" in einem weiteren Sinn ist bei Tillich dasselbe wie religiöses (sprachliches) Symbol; genauer: Mythos bedeutet dann ein ganzes Ensemble von Symbolen. Im Christusmythos etwa fügen sich verschiedene einzelne Christussymbole zusammen, von der Präexistenz bis zur Himmelfahrt und Wiederkehr Christi, wobei Kreuz und Auferstehung den Mittelpunkt bilden. „Mythos" im engeren Sinn könnte man auch „Mythologie" heißen.

13 Religion und Philosophie, (deutsch) München 1966, S. 223.

14 Dabei versucht die Mariologie immerhin etwas festzuhalten, was im Protestantismus zu kurz gekommen ist: das mütterliche Element in Gott selbst.

15 Das Kriterium der religiösen Symbole ist selbst wieder symbolisch. Das ist eine Art hermeneutischer Zirkel. Allerdings hat das religiöse Symbol auch zwei nichtsymbolische Bezugspunkte. Auf der theoretischen Ebene nämlich die begrifflich, nichtsymbolisch formulierbare Dimension des Unbedingten, auf der praktischen Ebene die Erfahrung, aus der das Symbol stammt. Die Erfahrung des Unbedingten geht der Aussage über das Unbedingte voraus.

16 In: Werk und Wirken Paul Tillichs. Ein Gedenkbuch, Evang. Verlagswerk Stuttgart, 1967, S. 128 f.

17 Daß das Symbolmaterial besonders ernst zu nehmen ist, betont auch Heinz Robert Schlette, Artikel „Symbol", in: Heinrichs Fries (Hrsg.), Handbuch theologischer Grundbegriffe Band 4, jetzt dtv Wissenschaftliche Reihe 4058, München 1970, S. 175 f.

18 Um hier einen weiteren Vorwurf zu erwähnen: es wird gelegentlich gesagt, Tillichs Symboltheorie lege einen Doketismus nahe. In seiner Christologie etwa könne er auf den historischen Jesus verzichten. Der Vorwurf wird verständlich, da Tillich in der Praxis die Differenzierung der Symbole nach ihrem Material und das durch die Wissenschaft gesichtete historische Symbolmaterial doch etwas zu leicht nimmt. Auf die Frage, ob das Christussymbol denn auch ohne das Symbolmaterial „historischer Jesus" einen Sinn hat, würde Tillich antworten: Grundsätzlich ist „der Christus" nicht auf Jesus von Nazareth angewiesen, aber tatsächlich ist in Jesus in einzigartiger Weise „Neues Sein" verwirklicht worden. In Jesus hat sich, wie nirgends sonst, Unbedingtes verleiblicht, inkarniert.

19 Gerade am Abendmahl läßt sich die Partizipation des Symbols am Symbolisierten schön verdeutlichen: Um eine naturale Partizipation handelt es sich bei Brot und Wein. Indem sich im Abendmahl soziales Geschehen verdichtet, haben wir es hier auch mit personaler und sozialer Partizipation zu tun. Zugleich ist das Abendmahl in einer bestimmten Geschichte verankert, indem Jesus mit seinen Jüngern, sowie mit „Zöllnern und Sündern" zu Tisch aß, und für diese dabei etwas Unbedingtes aufleuchtete. Das bedeutet geschichtliche Partizipation.

20 Tillich unterscheidet etwa einen weiteren und engeren Sinn von „Religion" und (vgl. Anmerkung 12) von „Mythos".

21 Tillich gebraucht den Ausdruck „repräsentatives Symbol" z. B. in GW V, S. 237.

22 Vgl. Tillich, GW V, S. 211.

23 Drei Bände „Religiöse Reden": In der Tiefe ist Wahrheit, 5. Auflage Stuttgart 1967; Das Neue Sein, 3. Auflage Stuttgart 1959; Das Ewige im Jetzt, Stuttgart 1964.

24 Das Neue Sein, S. 106. Vgl. auch Das Ewige im Jetzt, S. 155.

25 Das Neue Sein, S. 130.

26 Lukas 23, 43.

27 Auch die exakte Naturwissenschaft kommt nicht ohne Symbole aus. Sie entwirft Strukturmodelle, mit deren Hilfe sie experimentieren kann, die sich aber nicht in den Klartext rückübersetzen lassen.

28 Das religiöse Symbol drückt eine Begegnung mit dem Unbedingten aus — „expressive Funktion". Zugleich bereitet es neue Begegnungen mit dem Unbedingten vor, auf das es hindeutet — „denotative Funktion".

29 Wenn ein religiöses Symbol stirbt, sinkt es zur Metapher oder zum Zeichen ab. Es verliert so seine Repräsentanz und Aussagekraft.

30 Teilweise haben wir es in der Bibel — wie auch in sonstigen religiösen Texten — mit kräftigen Symbolen zu tun wie Reich Gottes, Messias, Menschensohn, Recht-

fertigung, Jüngstes Gericht; teilweise einfach mit symbolischer Redeweise, ohne daß sich immer gleich irgendein markantes Symbol herausheben muß.

31 Die symbolische Bibelauslegung reicht weit zurück in die Traditionen des Neuplatonismus und der Mystik. Sie wurde aufgegriffen von der seit dem 18. Jahrhundert intensiv betriebenen Religionswissenschaft und von Schleiermacher.

32 Unterscheiden wir zwischen symbolischem und begrifflichem Reden, dann gehört die existentiale und die konkret existentielle Redeweise, sofern dabei vom „Woher unseres unbedingten Betroffenseins“ abgesehen wird, auf die Seite des begrifflichen Redens.

33 Einen ganz unvergleichlichen Ausdruck findet das Symbolverständnis in 2. Mose 33, 18 ff.: Mose darf nicht in Gottes Angesicht blicken, darf Gott aber hinterherschauen.

34 Ontologische Voraussetzung der Symboltheorie Tillichs ist also eine Korrelation von *analogia entis* und *analogia fidei*.

35 Die christlichen Grundsakramente Taufe und Abendmahl haben je eine Naturbasis, und damit wird die leibliche Seite des Daseins einbezogen. Sie haben Parallelen in anderen Religionen, darin liegt ihr archetypischer Aspekt. Sie haben einen Anhalt an der Geschichte Jesu, das ist ihr biblischer Aspekt. Ihr ökumenischer Charakter liegt darin, daß sie praktisch alle Christen miteinander verbinden.

36 „Katholisch“ und „protestantisch“ sind in diesem Zusammenhang keine Konfessionsbezeichnungen, sondern markieren Grundeinstellungen.

37 Nicht zufällig stand Tillich der Berneuchener Bewegung nahe, die sich darum bemüht, die Vielfalt der kultischen Symbole für den evangelischen Gottesdienst zurückzugewinnen.

38 Das Goethe-Wort aus dem Schlußchor des Faust: „Alles Vergängliche ist nur ein Gleichnis“, berührt sich mit Tillichs Intentionen, abgesehen von dem „nur“.

39 2. Korinther 5, 7.

40 Die wichtigsten zusammenhängenden Äußerungen Tillichs zum Symbolproblem finden sich in GW V, S. 187—244; GW VII, S. 105—123; GW VIII, S. 139—148; Sy(stematische Theologie) I, S. 276—285; Sy II, S. 15 f., S. 164—167; Sy III, S. 144—150.

Walter Schmidt – Willy Collmer

DAS WERK PAUL TILLICHS IN DEUTSCHER SPRACHE

Paul Tillich, der mit Karl Barth und Rudolf Bultmann zu den drei großen Theologen der ersten Hälfte unseres Jahrhunderts gerechnet wird, ist am 22. Oktober 1965 in Chicago gestorben. Ist Tillichs Werk auch heute noch lebendig? Sind die Fragestellungen der drei großen Theologen nicht mehr die unserer heutigen Generation? Der Schriftsteller und Pfarrer Johann Christoph Hampe stellte diese Fragen in einem Aufsatz (Deutsche Zeitung Nr. 24/76). Seine Antwort: „Wir leben heute in der Kirche nicht nur *nach* Barth und Bultmann, sondern bereits ohne sie. Einzig der dritte der drei Großen jener Generation, er, dessen Wirkung zuletzt begann, Paul Tillich, kann noch eine Position im Gespräch verlangen."

Wie kommt es, daß Paul Tillich, offenbar mehr als die gleichaltrigen Großen der Theologie, auch heute noch im Gespräch ist, immer wieder studiert und oft zitiert wird? Theologie-Professor D. Dr. Wolfgang Trillhaas, Göttingen, sieht die bleibende Bedeutung Tillichs darin, daß er das Christliche aus seiner Isolierung gelöst hat (Die Mitarbeit, Heft 3/74). „Das beginnt schon", heißt es in dem erwähnten Aufsatz von Trillhaas weiter, „mit dem Durchbruch durch die sprachliche Esoterik der theologischen Selbstaussage des Christentums, und es setzt sich fort in der Erschließung des Glaubens für die Vernunft. Tillich bringt die Sache des Christentums in Kategorien zur Aussage, welche die des Menschlichen schlechthin sind. Tillich hat sich nie als Theologe verleugnet, aber er hat das theologische Geschäft im Gespräch mit der Philosophie geübt, er hat die Sache der Kirche im Gespräch mit der säkularisierten Gesellschaft geführt, er hat der Stimme des Zweifels Recht und Raum gelassen. In großartiger Unbekümmertheit hat Tillich die offiziellen Verdikte mißachtet, die es in der Nachwirkung Barths bis heute verwehren wollen, die Religion und die Religionsgeschichte ernstzunehmen. Er ist trotz seines Wissens um die Säkularisierung unserer Kultur dem Geheimnis des Heiligen auf der Spur geblieben. In der Weise des Horizontes seiner theologischen Verantwortung waren

immer die vordringlichen politischen Probleme des Tages, die Phänomene moderner Kunst ebenso wie die Psychotherapie.
Und so ist ihm etwas widerfahren, was in den vier Jahrhunderten der letzten Geschichte des Christentums selten war: Viele „Draußenstehende“ haben in seiner Theologie ihre eigene Sache wiedergefunden. Und doch hat Tillich nichts anderes getan, als den Glauben interpretiert, und das heißt, ihn für die Vernunft durchsichtig zu machen versucht; und ebenso hat er die Sprache der Menschen unserer Zeit interpretiert, und das heißt, sie bis in die Tiefe hinunter auszuloten versucht, in jene Tiefe, wo die Wahrheit wohnt.
In alledem ist so viel Zukünftiges, daß wir noch lange mit dem Erbe Tillichs beschäftigt sein werden.“

Das geistige Erbe Paul Tillichs liegt für jedermann vor

Das „Erbe Paul Tillichs“ ist im deutschen Sprachraum in einmaliger Weise vorhanden. Rund 7500 Seiten umfaßt bis jetzt das Werk Paul Tillichs in deutscher Sprache, wie es durch das Evangelische Verlagswerk Stuttgart im Laufe von zwei Jahrzehnten vorgelegt wurde. Es besteht aus den 14 Bänden der Gesammelten Werke, aus der dreibändigen Systematischen Theologie, aus 3 Folgen der sogenannten Religiösen Reden und aus bislang 4 Nachlaßbänden. Die gesamte Ausgabe ist lieferbar.
Während in den 5 Teilen der *Systematischen Theologie* die Summe und die Krönung von Tillichs theologischem Schaffen vorliegt (1. Vernunft und Offenbarung, 2. Sein und Gott, 3. Die Existenz und der Christus, 4. Das Leben und der Geist, 5. Die Geschichte und das Reich Gottes) ist in den *Gesammelten Werken* (GW) einerseits die Vorarbeit für das Tillichsche theologische System, andererseits jedoch der übergroße Reichtum der philosophischen und kulturellen Arbeiten dieses universalen Denkers vorhanden. „Die 14 Bände der GW“, stellt Prof. Trillhaas fest, „sind fortan der Fundort für alle jene Schriften, mit denen Tillich klärend und herausfordernd in das Gespräch der Zeit eingegriffen hat.“ Die GW sind vornehmlich nach sachlichen Gesichtspunkten gegliedert, entsprechend den Wirkungsbereichen des Theologen, Philosophen, Soziologen und Kulturkritikers.
Den Inhalt des 1. Bandes bilden die *„Frühen Hauptwerke“*, wichtige Etappen in der wissenschaftlichen Entwicklung seines von Anfang an

schon bemerkenswerten Denkens. Die in diesem Band aufgenommene „Religionsphilosophie“ (1925) gehört zu den „Dokumenten der neueren Theologiegeschichte“ (Trillhaas).

In Band II *(„Christentum und soziale Gestaltung“)* sind die „Frühen Schriften zum Religiösen Sozialismus“ zusammengefaßt, Aufsätze und Arbeiten aus den zwanziger Jahren, die gerade in den letzten Jahren wieder besondere Beachtung gefunden haben, so vor allem das Hauptwerk dieses Bandes „Die sozialistische Entscheidung“. Diese Schrift Tillichs, 1933 erschienen und im selben Jahr durch das NS-Regime sofort eingestampft, hat mit ungewöhnlicher Schärfe und Hellsicht die Lage vor 1933 diagnostiziert und falsche Mythen entlarvt.

Im dritten Band *„Das religiöse Fundament des moralischen Handelns“* sind Schriften zur Ethik und zum Menschenbild zusammengefaßt. Neben der genialen Altersschrift *„Morality and Beyond“* (1963 in USA erschienen), die aufzeigt, auf welchen Fundamenten christliche Ethik beruht, sind hier u. a. auch die Auseinandersetzungen mit dem Marxismus und dem marxistischen Menschenbild zu finden, die nach Tillichs Emigration in die USA geschrieben wurden.

Die Bände IV *(„Philosophie und Schicksal“)*, V *(„Die Frage nach dem Unbedingten“)* und VI *(„Der Widerstreit von Raum und Zeit“)* sind dem philosophen Schrifttum Tillichs gewidmet. Sie enthalten die wichtigsten Arbeiten zur Erkenntnislehre und Existenzphilosophie (IV), zur Religionsphilosophie (V) und zur Geschichtsphilosophie (VI).

Während in Band IV neben neueren Arbeiten die grundlegende Aufsätze aus der deutschen Zeit wiedergegeben sind, wie „Philosophie und Schicksal“, „Gläubiger Realismus“, „Kairos und Logos“ sind in Band V die in USA geschriebenen vielbeachteten Schriften „Das Christentum und die Weltreligionen“ und „Biblische Religion und die Frage nach dem Sein“ eingegangen, ebenso die Arbeiten zum Tillichschen Symbolbegriff, ein Schlüsselbegriff für Tillichs Philosophie und Theologie.

Schon sehr früh hat sich Tillich mit dem Problem der Geschichte befaßt. Im Jahr 1922 erschien Tillichs erster Kairosaufsatz, und vierzig Jahre später fand seine Geschichtsphilosophie ihre Krönung im 5. Teil seiner „Systematischen Theologie“: Reich Gottes und Geschichte. Dazwischen liegen die in Band VI vereinigten Arbeiten u. a. die drei Kairosaufsätze, die berühmt gewordene Abhandlung über „Das Dämonische“ sowie die Vorträge über „Die politische Bedeutung der Utopie im Leben der Völker“.

Tillichs Schriften zur Theologie finden sich in Band VII *(„Der Protestantismus als Kritik und Gestaltung")* und in Band VIII *(„Offenbarung und Glaube")* sowie in Band IX *(„Die religiöse Substanz der Kultur")*. Der amerikanische Jesuit Gustav Weigel nannte Paul Tillich *den* führenden protestantischen Theologen unserer Zeit. Er habe den Protestantismus zur klaren Darstellung gebracht, nicht nur als eine besondere konfessionelle Form des Christentums. Tillich sehe in ihm vielmehr eine besondere geschichtliche Verkörperung eines allgemein bedeutsamen Prinzips.

Um dieses „protestantische Prinzip" – als letztes ewiges Kriterium jeder religiösen und geistigen Erfahrung – und um den Protestantismus als geschichtliche Erscheinung mit all seinen Problemen, wie protestantische Gestaltung, protestantische Wirklichkeit, protestantische Verkündigung, geht es vor allem in Band VII. Hier wird auch die Auseinandersetzung mit Karl Barth und Friedrich Gogarten über „kritisches und positives Paradox" dokumentiert.

In Band VIII sind dann diejenigen theologischen Aufsätze enthalten, die nicht unmittelbar zum Thema „Protestantismus" gehören. Im Mittelpunkt steht „Wesen und Wandel des Glaubens". Wenn Tillichs scharfsinnige Analyse des Glaubens in das deutsche theologische Denken eingegangen wäre, hätten viele verwirrende Diskussionen um den Glaubensbegriff vermieden werden können. In diesem Band sind darüberhinaus viele spezielle theologische Probleme dargestellt und behandelt (so z. B. Christologie, Gotteslehre, Eschatologie, Mission, Psychoanalyse).

Tillich konzipierte bereits in seiner siebten Veröffentlichung (1919) eine „Theologie der Kultur", und formulierte den Grundgedanken, daß das Religiöse aktuell ist in allen Provinzen des Geistigen. In Band IX wird seine These „Religion ist die Substanz der Kultur, und Kultur ist die Form der Religion" in vielen Arbeiten entfaltet („Theologie und Kultur", „Kirche und Kultur", „Religion und Kultur", „Humanität und Religion" usw.). Ins Konkrete geht Tillich im zweiten Teil dieses Bandes, der Einzelanalysen aus den Gebieten der Politik, Erziehung, Medizin, Technik, Kunst und Architektur enthält.

Im Band X geht es um *„Die religiöse Deutung der Gegenwart"*. Er beginnt mit der weit verbreiteten Schrift aus dem Jahr 1926 „Die religiöse Lage der Gegenwart" und endet mit zeitkritischen Aufsätzen aus der Zeit nach dem 2. Weltkrieg. Tillich bleibt jedoch nicht in der

Analyse stecken. Immer wieder versucht er, durch alle Erscheinungen hindurch im Ringen um eine neue Zukunft die tragenden Fundamente bewußt zu machen.

In den im Band XI zusammengefaßten beiden umfangreichen Schriften „Der Mut zum Sein“ und „Liebe, Macht, Gerechtigkeit“ kommt in fast klassischer Weise Tillichs ontologischer Ansatz zum Tragen. Mit dem Titel dieses Bandes *„Sein und Sinn“* ist angedeutet, daß Tillich nicht bei der ontologischen Einsicht stehenbleibt, sondern auch die notwendigen ethischen Folgerungen aufzeigt.

Paul Tillich ist einmal ein „Genie der Freundschaft“ genannt worden. In Band XII *(„Begegnungen“)* wird festgehalten, was „Paul Tillich über sich selbst und andere“ geschrieben hat. Zwei Autobiographien (eine aus dem Jahre 1936, die andere aus 1952) sind vorangestellt, dann folgen Aufsätze und Reden über Ernst Troeltsch, Adolf von Harnack, Rudolf Otto, Karl Barth, Albert Einstein, Nikolai Berdjajew, Martin Buber, Carl Gustav Jung, u. a. Würdigungen und Stellungnahmen zu Augustin, Lessing, Goethe, Hegel, Marx, Ritschl und über 20 seiner bedeutendsten Rezensionen beschließen den Band.

Im umfangreichen und abschließenden Band XIII *(„Impressionen und Reflexionen“)* hat die Herausgeberin der GW, Renate Albrecht, aus allen Lebensperioden Tillichs Aufsätze und Reden mit meist biographischem Bezug gesammelt und periodisch geordnet, so daß sich ein hochinteressantes Lebensbild ergab, das zugleich ein Einstieg in Tillichs reiches und umfassendes Lebenswerk darstellt. Die ergänzenden Beschreibungen der jeweiligen Zeitabschnitte und die Kommentare zu den Artikeln vervollständigen das mit diesem Werk gegebene Porträt Tillichs, ebenso die 18 Berichte persönlicher Freunde Tillichs, die im Anhang beigefügt sind.

Mit Band XIV, der *„Register, Bibliographie und Textgeschichte zu den Gesammelten Werken* von Paul Tillich“ enthält, werden die vorausgegangenen 13 Bände nicht nur ab-, sondern auch aufgeschlossen. Mit diesen umfassenden Unterlagen ist ein wissenschaftlich begründeter systematischer Zugang zum Werk Tillichs gegeben. Wie umfangreich dieses Werk ist, zeigt nicht zuletzt die Bibliographie mit ihren über 500 Nummern.

Wie schon erwähnt, gehören zum deutschsprachigen Werk Paul Tillichs, wie es im Evangelischen Verlagswerk vorliegt, auch noch die *Ergänzungs- und Nachlaßbände.* Vier Bände liegen vor. Die Bände I und II

bringen historische *„Vorlesungen über die Geschichte des christlichen Denkens"*. Band I dieser Geistesgeschichte des Christentums reicht vom „Urchristentum bis hin zur Nachreformation", während in Band II die wichtigsten „Aspekte der protestantischen Theologie des 19. und 20. Jahrhunderts" behandelt werden.
Im dritten Nachlaßband werden *„Die politischen Reden Paul Tillichs während des 2. Weltkriegs"* dokumentiert. Tillichs Ansprachen an „seine deutschen Freunde", gesprochen vom Frühjahr 1942 bis Mai 1944 jeweils sonntags über die „Stimme Amerikas", sind politisch-religiöse Reden, die in ihrer „Bedeutung die Stunde ihres Ursprungs überdauern" (Prof. Trillhaas), „sie sind ein klassisches Dokument zum Thema der politischen Predigt".
Band IV (*„Korrelationen"*) erschien im Herbst 1975, enthält vor allem Arbeiten aus Tillichs letzten Lebensjahren und ist mehr als eine Nachlese. Er ist ein Einstieg in seine „apologetische Theologie". Tillich versteht es, „Botschaft" und „Situation" miteinander in „Korrelation" zu bringen. Er sucht nach Antworten auf die existentielle Fragen der Zeit, die dem „ewigen Sinn aller Zeit" entsprechen. Obwohl diese Antworten die „ewigen" Antworten der Religion sind, hat Tillich sie hier in der Sprache unserer Zeit für einen breiten Leserkreis verständlich gemacht und aktualisiert. Die Nachlaßbände I, II und IV wurden von Dr. Ingeborg C. Henel herausgegeben, übersetzt und eingeleitet.
Nicht unerwähnt bleiben dürfen Tillichs Predigten bzw. *„Religiöse Reden"*, die in drei Folgen vorliegen und deren Inhalt und Titel in einer gewissen Analogie zu seiner Systematik stehen: Folge 1: „In der Tiefe ist Wahrheit"; Folge 2: „Das Neue Sein"; Folge 3: „Das Ewige im Jetzt".
„Die Predigt", schreibt Trillhaas, „kann überhaupt aus dem Werk Tillichs nicht hinweggedacht werden. Sie war für ihn unmittelbarste Form der Aussage, persönlichstes Zeugnis, dergestalt, daß viele Vorträge Tillichs zur Predigt hin konvergieren, wie umgekehrt eben diese seine Predigt ganz und gar aus der Kraft des Gedankens lebt."
Mit dieser gesamten Edition hat das geistige Erbe Paul Tillichs eine Gestalt gewonnen, die einen hervorragenden Platz im geistigen Schrifttum unserer Zeit beanspruchen darf.

MITARBEITER

Dr. Helmut Elsässer, Pfarrer, 7316 Köngen, Kiesweg 59.

Geboren 20. Dezember 1938 in Stuttgart. 1958–1963 Altsprachenstudium, anschl. Studium der evangelischen Theologie in Tübingen, Berlin und Mainz. 1964 Lehrvikar in Dettenhausen und Vikar in Stuttgart-Vaihingen. 1965 Studium der Tiefenpsychologie am „Institut for Psychiatrie and Religion" des Union Theological Seminary in New York/USA, Ausbildungsquartal in „Clinical Pastoral Training" am St. Luke's Hospital in New York. 1968 Pfarrverweser in Beimbach Krs. Schw. Hall, seit 1970 Gemeindepfarrer in Köngen Krs. Esslingen. 1973 Promotion zum Dr. theol. in Marburg.
Wichtigste Veröffentlichungen: „Paul Tillich und die Tiefenpsychologie in theologischer Sicht", in: „Wege zum Menschen" Heft 6, 1969. „Paul Tillichs Lehre vom Menschen als Gespräch mit der Tiefenpsychologie", Dissertation 1973, Marburg.

Heinz Flügel, Studienleiter, 8132 Tutzing, Traubinger Straße 16.

Geboren 16. März 1907 in São Paulo, Brasilien. Studium der Philosophie in Berlin und Kiel. – Seit 1950 Mitarbeiter (Studienleiter) der Evangelischen Akademie Tutzing. 1951–60 redigierte er, anfangs zusammen mit Kurt Ihlenfeld, später als alleiniger Herausgeber, den „Eckart". Große Vortragsreisen durch alle amerikanischen Länder und durch Süd- und Südwestafrika. Mitarbeiter verschiedener Rundfunkstationen (Vorträge, Hörspiele, Monologe und Dialoge). Im Jahre 1960 Essay-Preis der Stiftung zur Förderung des Schrifttums.
Wichtigste Veröffentlichungen: 1930 erster Gedichtband „Mythen und Mysterien"; 1958 „Zwischen Gott und Gottlosigkeit"; 1962 „Der Hahnenschrei" und „Herausforderung durch das Wort"; 1965 „Konturen des Tragischen"; 1967 „An Gott gescheitert"; 1969 „Die Botschaft des Partisanen"; 1971 „Grenzüberschreitungen"; 1973 „Un-Zeit-Genossen".

Peter Kreysig, Dekan, 7000 Stuttgart 1, Lessingstraße 4.

Geboren 18. April 1924 in Chemnitz. 1946–1950 Studium der ev. Theologie in Marburg, Berlin (Kirchl. Hochschule), Tübingen und Aberystwyth (Wales). 1950–1962 Mitarbeiter in der Stuttgarter Zentrale der Evang. Studentengemeinde in Deutschland, ab 1954 als Generalsekretär, und im Exekutivkomitee des Christlichen Studentenweltbundes. 1962 Pfarrer an der Ev. Gedächtniskirche in Stuttgart. Seit 1970 Stadtdekan in Stuttgart.
Einige Veröffentlichungen: „Message, Myth and History" in „The Student World", Genf, 1953; „Der glaubwürdige Glaube" in „Ist der Glaube krank?", Quell-Verlag 1966; „Heil nur für Bekehrte?" in „Alte Botschaft – Neue Wege", Quell-Verlag 1966; „Paul Tillichs Theologie in ihrer Bedeutung für den Pfarrer" in „Werk und Wirken Paul Tillichs", Evang. Verlagswerk 1967; „Die Theologie, die Theologen" in „Dialog mit dem Zweifel", Kreuz-Verlag 1969.

Dr. Andreas A. Rössler, Pfarrer, 7000 Stuttgart 70, Im Asemwald 32/2/5.

Geboren 18. April 1940 in Stuttgart. – 1959 bis 1964 Studium der evangelischen Theologie in Tübingen, Edinburgh und Göttingen. 1964 Vikar in der Evang. Landeskirche in Württemberg. 1965–66 Magisterpromotion am Union Theological Seminary in New York, 1968–1971 Repetent am Ev. Stift in Tübingen. 1971 Promotion zum Dr. theol. in Tübingen. Seit 1971 Pfarrer in Stuttgart-Asemwald.
Wichtigste Veröffentlichungen: „Die Predigttheorie Taul Tillichs" Dissertation 1971, Tübingen; „Gesichtspunkte zum innerkirchlichen Pluralismus" (Deutsches Pfarrerblatt November 1972); „Paul Tillichs Bedeutung für die Arbeit des Gemeindepfarrers" (Deutsches Pfarrerblatt April 1974).

HERAUSGEBER

Walter Schmidt ist Pfarrer im Großraum Stuttgart, Beauftragter für Weltanschauungsfragen der Evangelischen Landeskirche in Württemberg, Lektor des Evangelischen Verlagswerks sowie Medienreferent der Paul-Tillich-Gesellschaft.

Willy Collmer ist Verlagsleiter des Evangelischen Verlagswerks.

Band VII
Der Protestantismus als Kritik und Gestaltung
Schriften zur Theologie I
278 Seiten, Ln. DM 30.–
ISBN 3 7715 0017 6 - 1962

Band VIII
Offenbarung und Glaube
Schriften zur Theologie II
368 Seiten, Ln. DM 32.50
ISBN 3 7715 0080 X - 1969

Band IX
Die religiöse Substanz der Kultur
Schriften zur Theologie der Kultur
402 Seiten, Ln. DM 35.80
ISBN 3 7715 0056 7 - 1968

Band X
Die religiöse Deutung der Gegenwart
Schriften zur Zeitkritik
382 Seiten, Ln. DM 31.80
ISBN 3 7715 0065 6 - 1968

Band XI
Sein und Sinn
Zwei Schriften zur Ontologie und Ethik (Der Mut zum Sein – Liebe, Macht, Gerechtigkeit)
240 Seiten, Ln. DM 27.50
ISBN 3 7715 0072 9 - 1969

Band XII
Begegnungen
Paul Tillich über sich selbst und andere
360 Seiten, Ln. DM 31.50
ISBN 3 7715 0110 5 - 1971

Band XIII
Impressionen und Reflexionen
Ein Lebensbild in Aufsätzen, Reden und Stellungnahmen
616 Seiten, Leinen DM 45.–
ISBN 3 7715 0137 7
Paperback-Sonderausgabe DM 38.–
ISBN 3 7715 0145 8 – 1972

Band XIV
Bibliographie, Register und Textgeschichte der GW
352 Seiten, DM 49.50
ISBN 3 7715 0159 8

Paul Tillich, Ergänzungs- und Nachlaßbände zu den Gesammelten Werken

Vorgesehen in dieser Reihe, die im Anschluß an die „Gesammelten Werke“ erscheint, sind etwa 5–6 Bände. Sie werden Originalarbeiten Paul Tillichs enthalten, die von ihm selbst nicht mehr redigiert werden konnten (im Gegensatz zu denen der „Gesammelten Werke“) und nun jeweils verschiedene Bearbeiter bzw. Herausgeber haben. Pro Jahr erscheinen 1–2 Bände. Eine Subskription ist bis zum Erscheinen des letzten Bandes jederzeit möglich.

Band I
Vorlesungen über die Geschichte des christlichen Denkens
Teil 1: Urchristentum bis Nachreformation
Hrsg. und übersetzt von Ingeborg C. Henel
312 Seiten, Ln. DM 35.– (Subskr.-Pr. DM 30.80)
ISBN 3 7715 0112 1 - 1971

Band II
Vorlesungen über die Geschichte des christlichen Denkens
Teil 2: Aspekte des Protestantismus im 19. und 20. Jahrhundert
Hrsg. und übersetzt von Ingeborg C. Henel
208 Seiten, Ln. DM 28.40 (Subskr-Pr. DM 25.–)
ISBN 3 7715 0131 8 - 1972
Broschiert DM 23.50
ISBN 3 7715 0140 7 - 1972

Band III
„An meine deutschen Freunde“
Die politischen Reden Paul Tillichs während des 2. Weltkriegs
360 Seiten, Ln. DM 38.– (Subskr.-Pr. DM 32.30)
ISBN 3 7715 0147 4 – 1973

Band IV
Korrelationen
Die Antworten der Religion auf Fragen der Zeit
Hrsg., übersetzt und eingeleitet von Ingeborg C. Henel
168 Seiten, Ln. DM 23.– (Subskr.-Pr. DM 19.50)
ISBN 3 7715 0168 7 – 1975

Evangelisches Verlagswerk 7 Stuttgart 1

Kolibri 360 GmbH
Ferdinand-Jühlke-Straße 7
99095 Erfurt, Deutschland
produktsicherheit@kolibri360.de